新コロナシリーズ ㊽

住まいと環境の照明デザイン

饗庭　貢　著

コロナ社

まえがき

日常生活を振り返ってみると，太陽光だけで生活している人たちはごくまれである。住宅でも，文化がすすむにつれて，人工照明に頼らない住宅は建てられなくなった。一方で，なりわいをみてみると，農業では調光式温室栽培，植木鉢貸出業ではビルディングの植物工場，漁業ではイカ釣り集魚灯夜釣などで人工照明を使っている。

太陽光は，朝から夕方，春夏秋冬で異なった光質の恵みを与えている。この太陽光での生活のリズムを崩すと体調に異常をきたし，光療法による治療を受けなければならなくなる。

家庭の生活が多様化し，時間的余裕が生じ，屋内・屋外で照明に頼った環境で過ごすことが多くなった。さらに，その場に適した明かり，個人の好きな明かりが求められるようになった。また，健康を保つためのスポーツやショッピングなどが夜遅くまで行えるようになった。

仕事の面でも国際化が進み，昼夜を問わず事務室で働く姿が見られる。日中の仕事であっても，快適で，能率よく働くために，照明による光環境が整備されてきた。

最近は，光源，器具，工事手法が開発され，インテリア，植物・動物と生活する環境が整った。照明による美観，悪い影響，照明経済も含めた光のデザインを行えるデザイナーが育ってきているのは喜ばしい。

照明は明るさだけでは終わらない。色彩がかかわってくる。本来の自然光も屋内に取り入れる工夫で、自然な環境が保たれ、物が見やすくなってくる。

しかし、なんといっても、その場を利用する人が、自分で光環境をデザインするのが最も好ましいことである。本書は、その目的に合うよう、平易に書かれているので、手軽な照明設計書である。

最後に、本書出版の機会とご協力をいただいたコロナ社と各関係者に深く感謝申し上げる。

二〇〇三年五月

饗庭　貢

もくじ

1 人間の生活環境にかかわる人工照明の役割

2　光のデザインは手軽にできる

3 インテリアとしての照明器具の選び方

4　照明光の調光制御の便利な方法

5 建築施工から見た照明計画

6 照明計画と照明計算

1　人間の生活環境にかかわる人工照明の役割

太陽光（自然光）と人工照明

太陽などの自然光が届かない、または不十分な明るさのもとでは、生活を快適にしたり、物の形・色・質をはっきりと見せたり、仕事の効率をよくしたりすることはできない。建物の中での光量不足や、国際的な仕事を持つ事務所の場合には、時差の関係で、自然光だけに頼るわけにはいかない。人間がかかわりあう建物を造る場合や、屋外空間を計画する場合には、人工照明に頼った光のデザインを使用目的に合わせて計画することになる。

また、人間には体内時計があるので、昼夜を通して一様な明るさにするより、朝・昼・夕・夜のリズムで明るさを変化させたほうが快適である。体内時計とは、一日を周期とする生物時計（サーカディアン・リズム）のことで、生物の種類によっては、一日の長さに違いがあることがわかっている。「体温リズム」と「睡眠・覚醒リズム」の二つから構成され、暗い時には体温が下がって活動をやめ、明るい時には体温も上がって活動が活発となる。夜間も明るいままの生活や、海外旅行の時差ぼけには、「光療法」を行ってリズムを取り戻す方法がよい。朝の日光浴や、三〇〇〇ルクス程度の人工照明を何度か浴びることで矯正される。

太陽暦で生活している人間は、太陽光の可視光線の光エネルギーで明るさと色を認識し、四季おりおりの時刻によって変化したものを正常だと判断している。図1に太陽光の電磁スペクトルと可視光線、図2に太陽光の一日の季節別照度変化と時刻別色温度変化を示す。

一方、身体に感じる快適な環境の要素には、光のほかに音・熱・湿度・風・香りなども要素に加えたものが要求される。

快適環境が重要視され、なじみの自然光を採り入れるための方法として、アトリウムがある。これはまた、人工照明の電力節減も兼ね備えている。インテリジェントビルの方式では、視環境・温熱環境・音環境・動植物環境・魚環境なども自動制御されるので取り組みやすい時代となった。

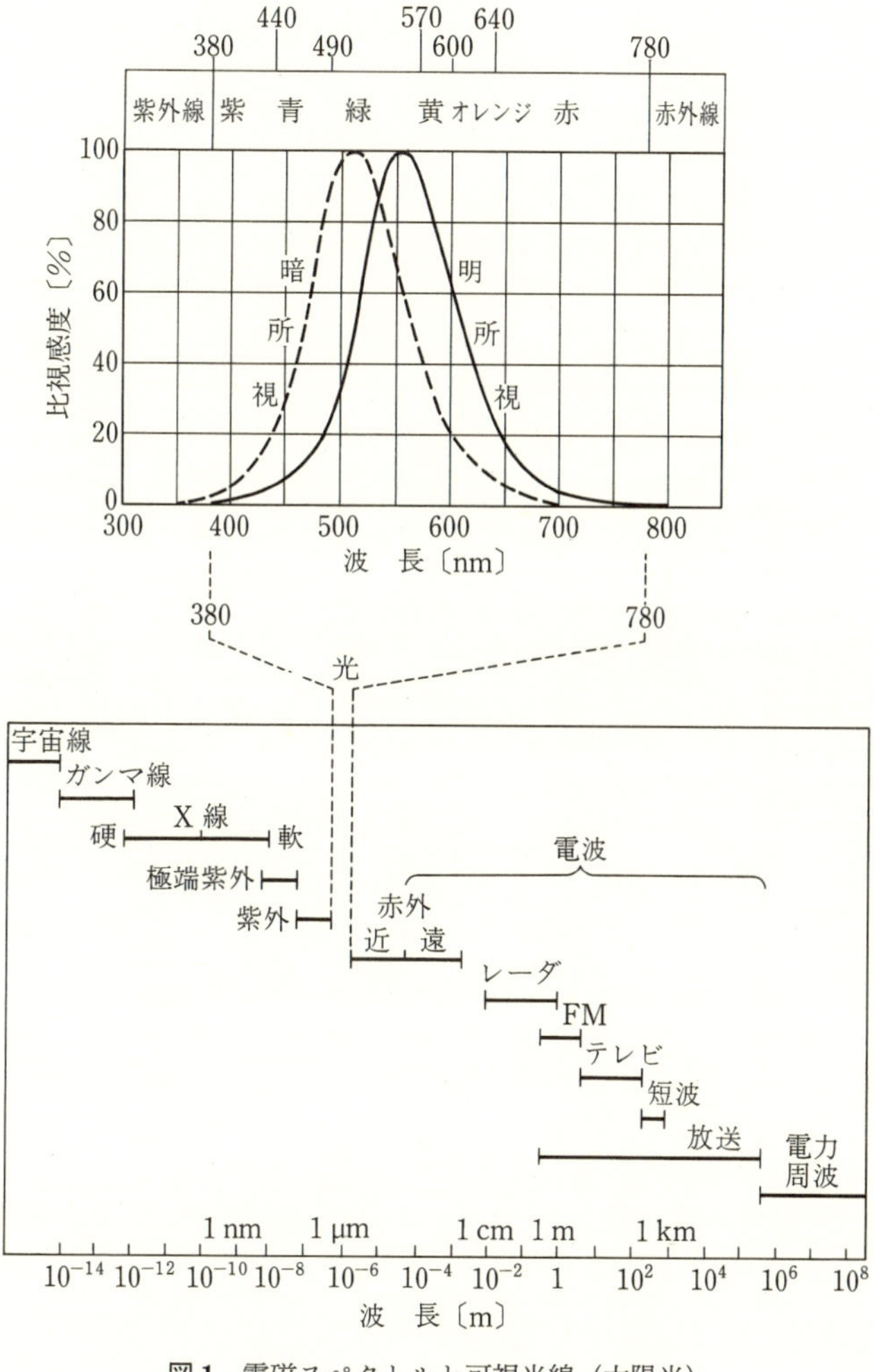

図 1　電磁スペクトルと可視光線（太陽光）

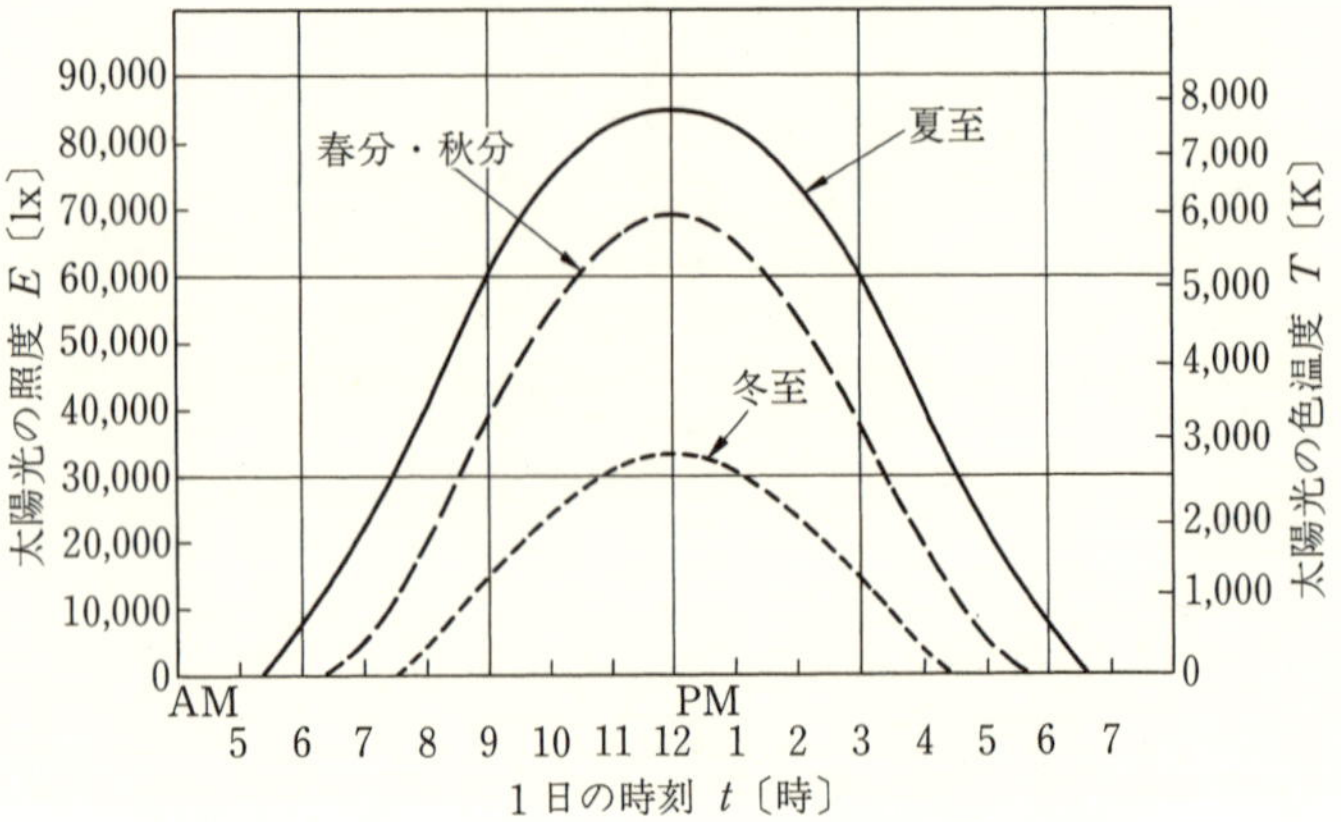

図 2　太陽光の1日の季節別照度変化と時刻別色温度変化

照明の目的

照明は照射される目的・対象によって、一般につぎの三つに分類される。

明視照明

物がよく視認されることを目的とした照明で、事務所・学校・道路・病院・住宅などが対象とされる。

雰囲気照明

それぞれの対象に合わせた特徴ある照明で、生産照明（工場・鉱山・牧場・農村・漁村などでの照明）、商業照明（店舗・料理店・商店街・遊技場・旅館などでの照明）、スポーツ照明（屋内競技場・屋外競技場などでの照明）、景観照明（観光対象物・伝統建造物・庭園・広場などでの照明）がある。

演出照明

ある情景を演出によって作り出す照明のことで、スタジオ照明、劇場照明、イベント照明などがある。

照明光の分光分布と演色性

見ようとする対象物に光が当たった時に不自然に感じないのは、夜間であっても自然光と同じ質の光であると考えてよい。目に見える光、すなわち、可視光線には分光分布特性があり、その波長の分布の割合で対象物の色を認知することができる。ところが、人工光源では、それぞれに分光分布特性が異なるので、本来の色（標準光源を定め、その照明下での色を基準とする）と違って見えることがある（JIS Z 8726–1990）。

このようなことがあるので、色の見え方を表現することを演色性といい、光源の演色性は平均演色評価数（R_a）、および特殊演色評価数（R_i）によって表すことにしており、標準光源とまったく同じ演色性のものを平均演色評価数一〇〇としている。一〇〇から数字が小さくなるに従い、演色性が悪いことになる。特殊演色評価数は高彩度の赤・黄・緑・青・肌色と木の葉色に近似する色素とがある。

一般に基準となる光は、屋外の自然光、太陽光、昼光などの表現で行っているが、主として標準となっているのは昼光である。昼光のうち、直達日光は地表に直接到達する太陽光のことで、照度範囲は〇〜一〇万ルクス（色温度範囲五八〇〇〜六五〇〇ケルビン）、天空光は大気中の空気分子、

表1 太陽光の光放射の種類と作用効果

波長〔nm〕	種類	作用効果	放射源
	マイクロ波 電波		
1,000,000			CO_2 レーザ
100,000		レーザ加工	遠赤外線ランプ(IRS)
	IR-C	リモート・センシング	遠赤外線ヒータ
4,000			ニクロムヒータ(500℃)
赤外線 3,000		水分の乾燥	
2,000	IR-B		ニクロムヒータ(1,000℃)
		赤外線写真	
1,400		人体への温熱効果	固体レーザ 赤外線電球
	IR-A		白熱電球(ガス入り)
780		植物の光周性制御	キセノンランプ
可視光線		植物の光合成	
		工業的光合成	HID ランプ
		昆虫の視感度	白色蛍光ランプ
450		植物の屈光性制御	青色蛍光ランプ
		メラトニンホルモン制御	
380		光化学	高圧水銀ランプ
	UV-A	退色	
315		ビタミン D 生成	健康線用蛍光ランプ
	UV-B		
紫外線 280		殺菌作用	殺菌ランプ
190	UV-C		
		陰イオンの生成	キセノン放電ランプ
		オゾンの生成	短波長殺菌ランプ
100			
10	X 線		
1			

塵埃《じんあい》、雲などによって散乱され、天空より地表に到達する太陽光のことである。太陽光の光放射の種類と作用効果を表1に示す。

光源から出る光の色合いを定めるのに色温度（ケルビン）を用いることにしている。光の歴史をたどると、月の光や雪に反射した月の光（窓の雪）などから、行灯《あんどん》、ろうそく、電球、蛍光ランプ、高輝度放電ランプなどのように光色は赤味がかったものから純白色に変遷してきている。これは、赤っぽい色温度（低い温度）から、青白い色温度（高い温度）の光の開発を行ったことになる。図3に太陽光で目が感じる照度の範囲を、図4に太陽光の色温度と人工照明光源の色温度を示す。

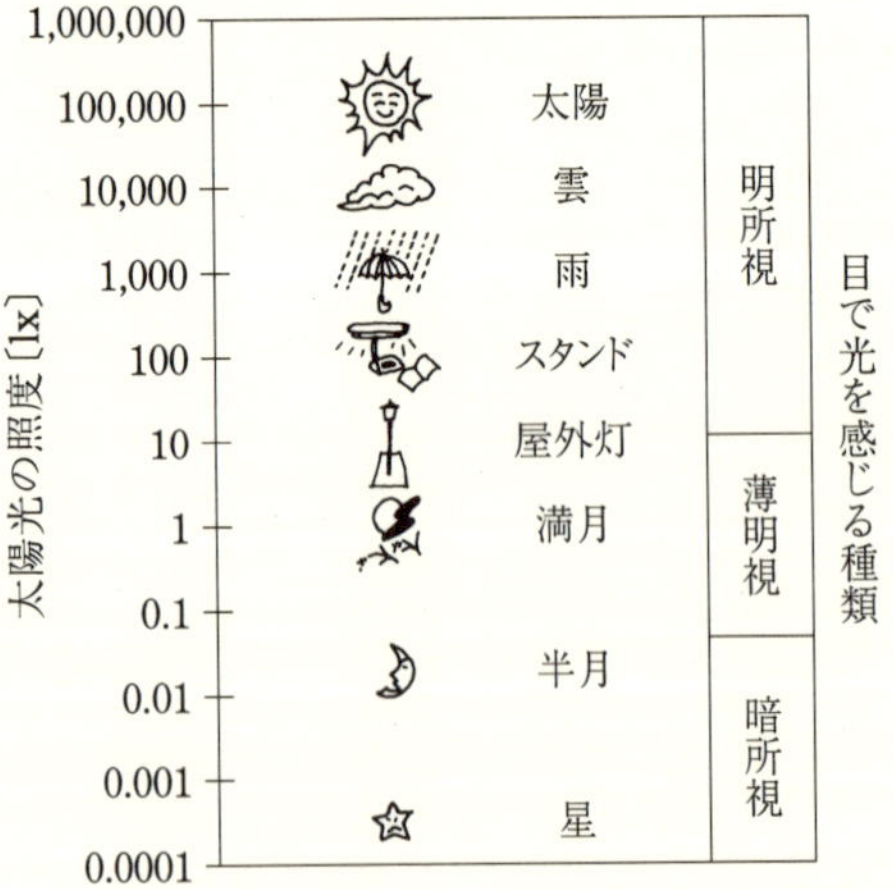

図3　太陽光で目が感じる照度の範囲

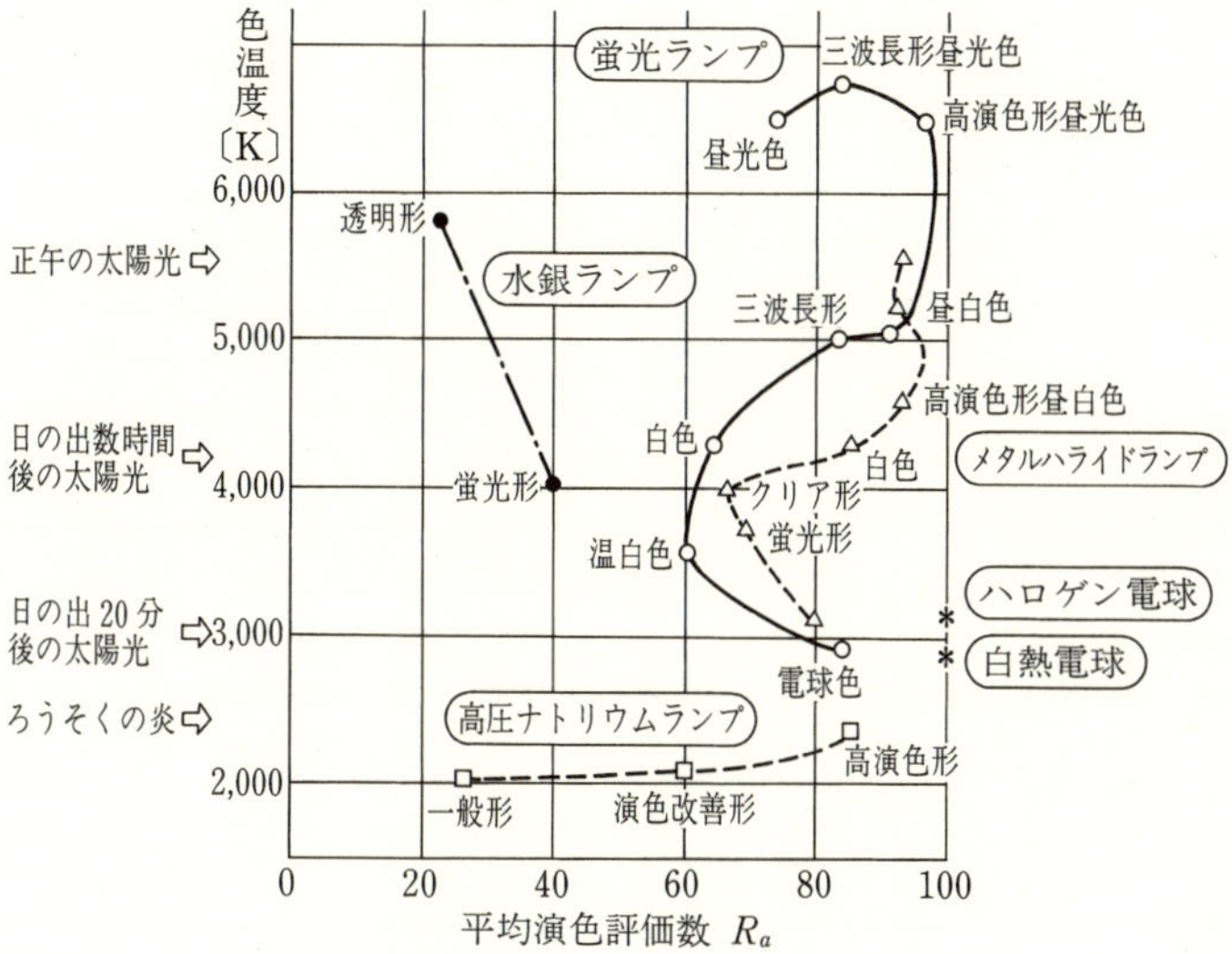

図4　太陽光の色温度と人工照明光源の色温度

照明光の色の表示

色度図を用いる表示

色を表す座標として、光源の色や対象物の色の三刺激値 x、y、z、対象物の分光反射率（または分光透過率）と照明光の分光分布から求めた関係式のうち、明度や輝度などの明るさを表す指数のほかに、色相と彩度の二つを用いて色度座標 xy 面の座標点で表示する方法がある。これを xy 色度図と呼び、目盛を付した形の中にすべての色を表現することが可能である。線上は単色の存在する色度点である。図5にＣＩＥ色度図を示す。

色度点についての色名は日本工業規格で一般色として一二五色が定まっている（JIS Z 8102-2001）。この色名に付ける形容詞には質感を加味された表現があり、複雑となる。しかし、情感を表現するには必要である。例えば、「黄みの赤」、「赤みの橙」、「あざやかな灰色」などである。

マンセル記号を用いる方法

マンセルシステムは、マンセル（A. H. Munsell）が色を系統的に整理するための方法として開

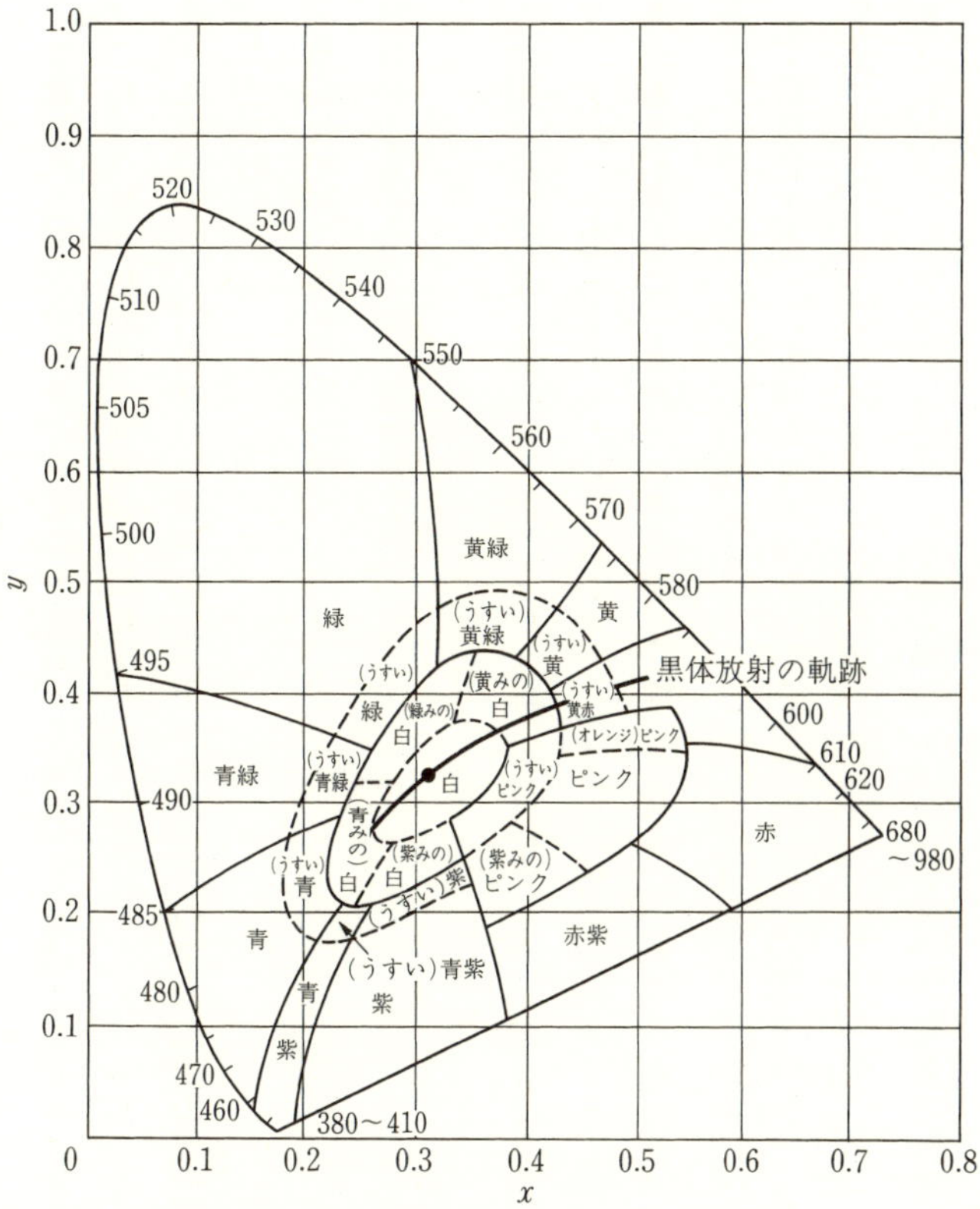

図5　CIE 色度図（JIS 系統色名の区分）

発し、実践面で重宝するようになった（JIS Z 8721-1993）。光源から出る照明光によって対象物を見る時には、対象物の表面で反射する表面色で視認する場合と、透過した光の透過色で視認する場合とがある。これは、無彩色の明るさだけの表現でなく、色を持った光をつねに取り扱っているという考え方をするものである。すなわち有彩色を表現する時に、つぎの三つの属性の組合せで表現しようとする方法である。

色相・明度／彩度（例：5 Y 8/12）

図6に三属性による色立体（マンセル記号）を示す。

色相（hue）

色の種類を色相として、R（赤）・Y（黄）・G（緑）・B（青）・P（紫）の五主要色とその中間色YR・GY・BG・PB・RPの五色を合わせた一〇色で基準色を表現するものである。環状に並べた色相環があり、さらに、それぞれの色を一〇等分して一〇〇色相を用いる。

明度（value）

白から黒までの無彩色を一〇等分した表現を用いる。無彩色はNの字を付けてNVで表現する。

彩度（chroma）

物体色の色味の強さ（さえ方の度合）を増加の程度に従って等歩度に整数で増すように設けたものを用いる。

色の表現に、明・暗、強・弱、濃・淡、浅・深の調子の違いがあり、この明度と彩度の複合的表現をトーン（調子）として用いることがある。各色相ごとに一二種のトーンに分けられている。

三刺激値表示法

人間の目が色を視認する時に、赤（X）・黄（Y）・青（Z）の波長域にそれぞれの感度を持つ性質があり、物体で反射してくる光を受けて、総合的に色を判断するというものである。したがっ

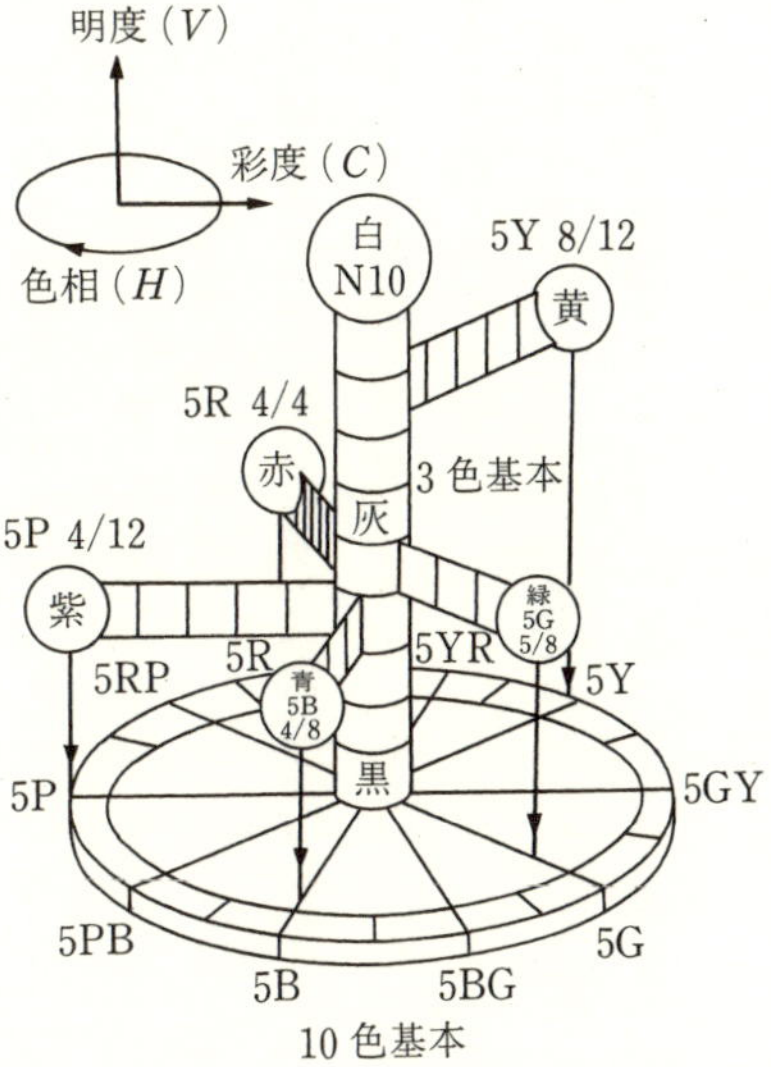

図6　三属性による色立体（マンセル記号）

て、光源から出光される光と、物体の被照面から反射する反射光と人間の視感度曲線の三要素で決定される方法である。したがって、物体の被照面からの反射光で、目の三色を見分ける三つの視感度のそれぞれ重なった部分の総合値で色を見分ける。

目の働き（視感度）と明るさ・色覚

目で対象物を見て、光源色・対象物の反射色（表面色）・対象物の透過色を感じるのは、目の網膜にある視細胞のすい体（網膜の中心窩《か》に集中している。約六五〇〇万個）と網膜全体に分布するかん体（約一億二〇〇〇万個）である。すい体は色を見分ける力はあるが、明るさに対する感度は弱い。かん体は明るさに対する感度は強いが、色を見分ける力はない。図7に目の構造を示す。

可視光の各波長での視細胞の感度は、明るい所と暗い所では感度が異なっている。それは、光を感じる視細胞のすい体とかん体の機能が異なるからで、暗い所では、赤は赤黒く見え、青は相対的には明るく見えるが、やはり黒ずんで見える。

可視光（三八〇〜七八〇ナノメートル）の各波長についても、視細胞の感度は異なり、明るい所では五六〇ナノメートルが最も感度が大きくなる。黄色がよく見えるのは、このような目の特性によるわけである。

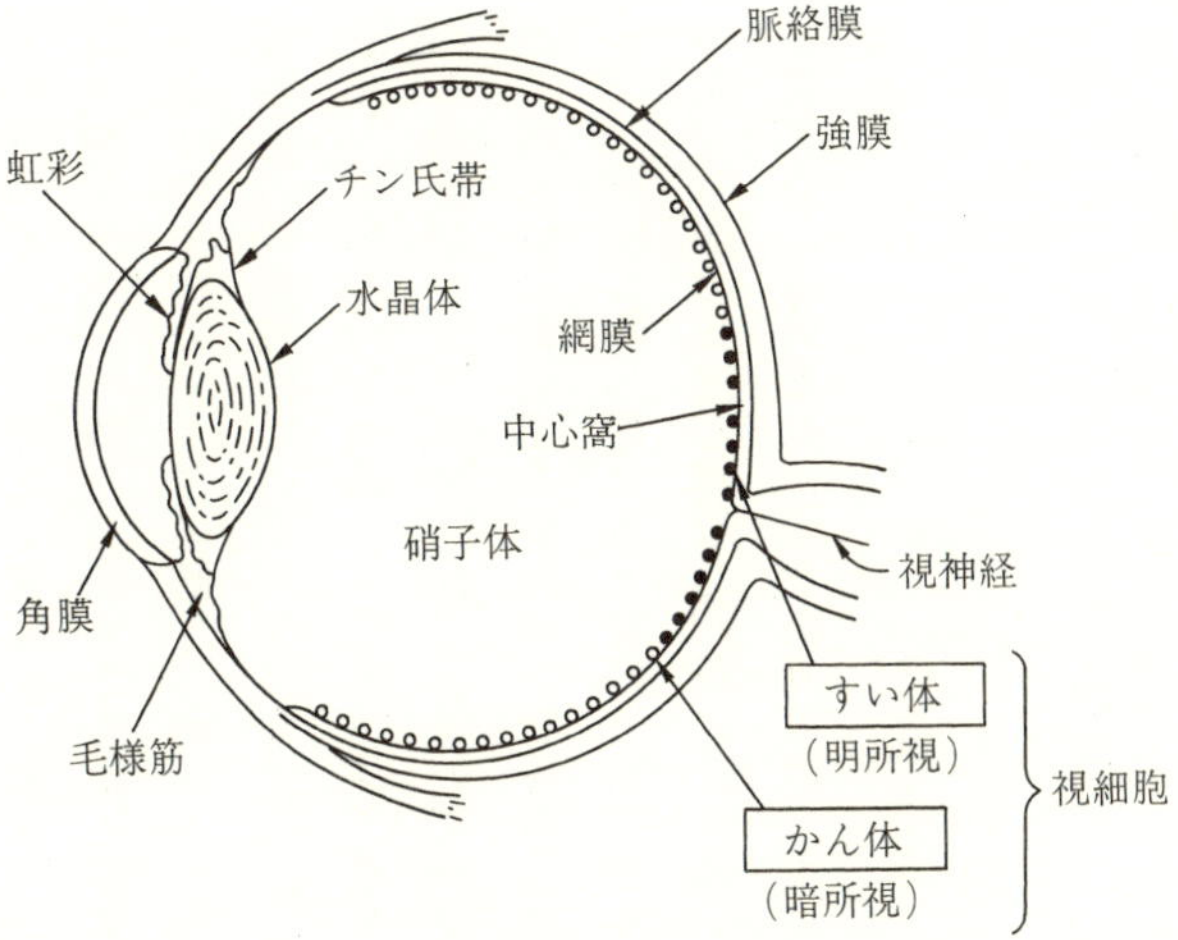

図7　目の構造

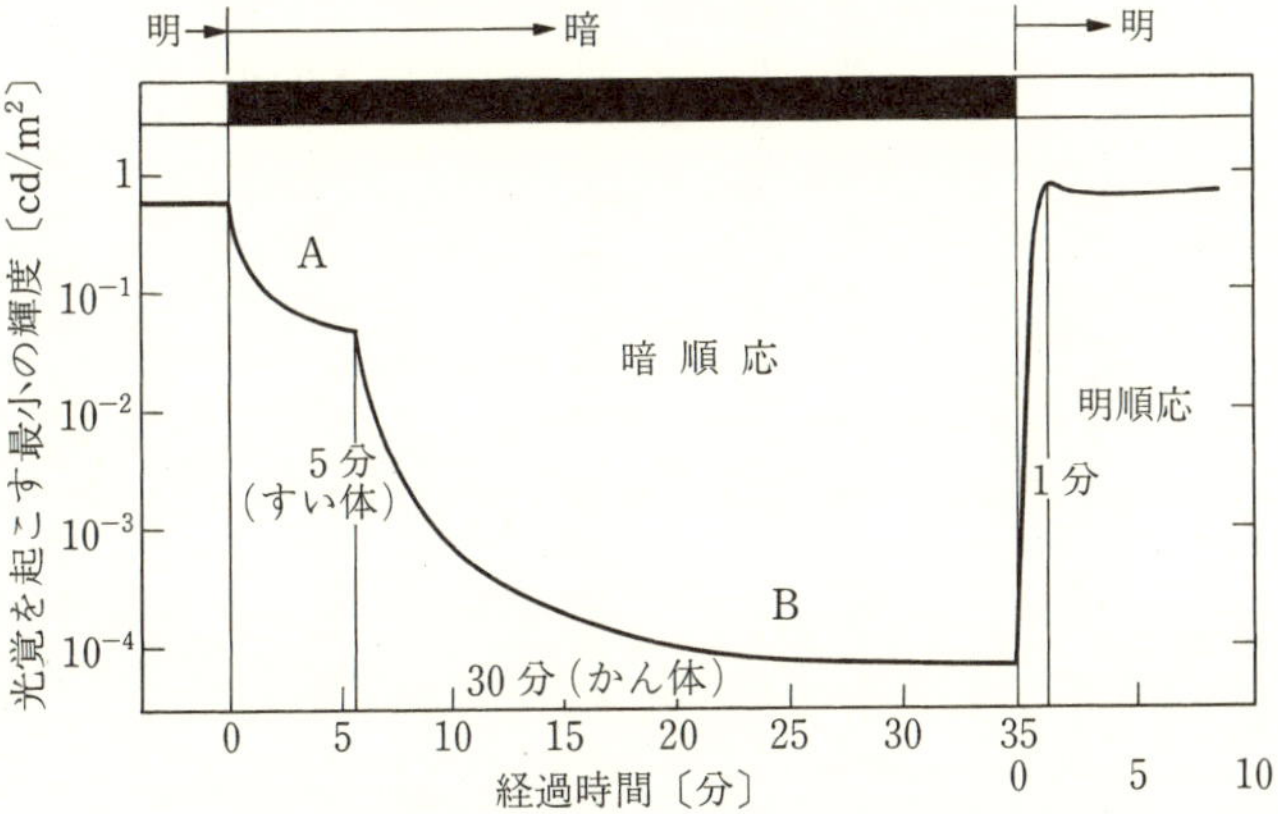

A は色を感じる領域の順応，B は色を感じない領域の順応

図8　変化した明るさに対する順応時間

また、明るい所から暗い所へ移動した時や、暗い所から明るい所へ移動した時に、目が慣れるまでには時間がかかる。前者を暗順応、後者を明順応と呼び、図8にその時間を示す。

目で物を視認する時の見やすさを決めるものの要素としては、人種による目の色、性別、年齢、疲労度、対象物の大きさ、動き、明るさ・色対比などがある。

可視光の波長域について、色温度四二〇〇ケルビンの白色蛍光ランプの各波長ごとのエネルギー比を示した分光分布曲線に、高温物体で最も近い色を出す時の温度を、その光源の色温度と定めたものを追記したものが図9(a)の破線のグラフである。

目で物を見て視認する時には、光源の分光分布曲線(a)に目の比視感度曲線(b)を重ね合わせて、はじめて、図(c)の総光量による反応としてわかることになる。

もし、一般の昆虫が物を見る時には、昆虫の視感度曲線を重ね合わせた時の反応となるので、人間の見え方とは異なり、図10の例では、青っぽい光が多く見え、赤っぽい光は目には感じないことになる。

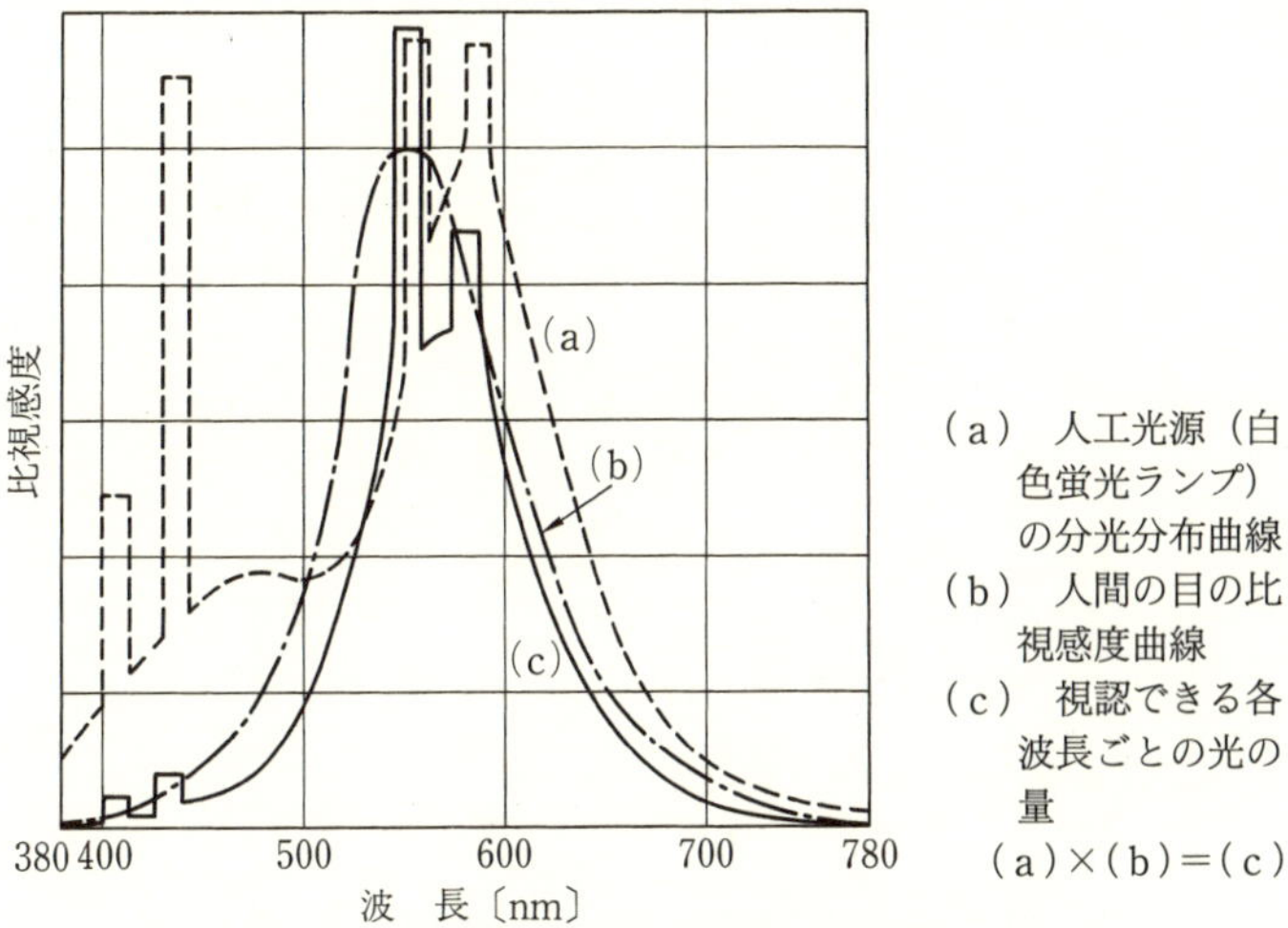

（a）　人工光源（白色蛍光ランプ）の分光分布曲線
（b）　人間の目の比視感度曲線
（c）　視認できる各波長ごとの光の量
（a）×（b）＝（c）

図 9　人間の目で視認できる各波長ごとの光の量

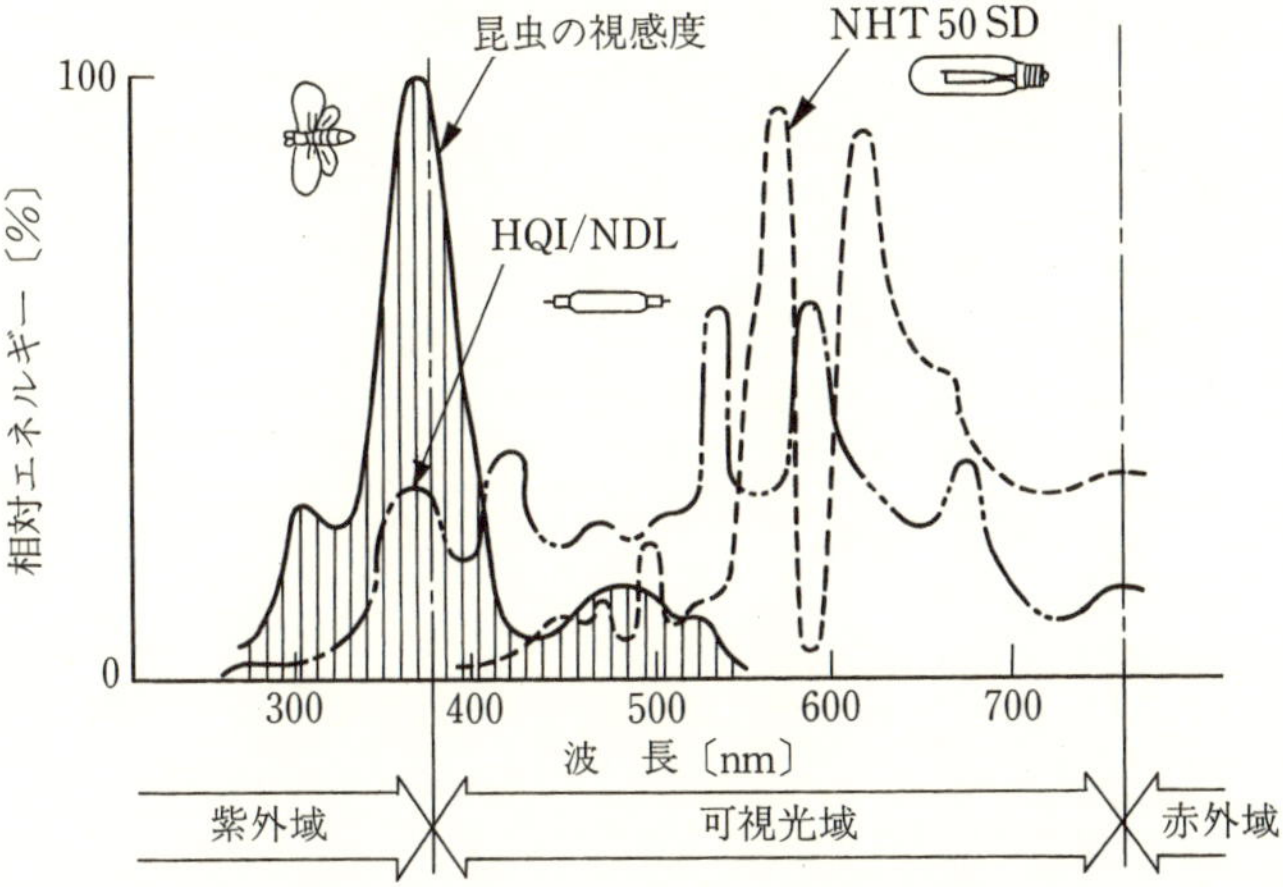

図 10　各光源スペクトルと昆虫の走光性〔照明学会編：景観照明の手引き，コロナ社(1995)より転載〕

2　光のデザインは手軽にできる

目で物が見えること

白熱電球の光源を用いて、洋机で読書をしている時、本の文字が読める手順を照明用語を用いて説明したものを図11に示す。

光源（Sワット）から光束（Fルーメン）のエネルギーとして放射された光は、光源直下（点O）からある角度（θ度）の方向への立体角度当りの光度（I_θカンデラ）として本の紙面（被照面または作業面点P）に到達する。その被照面の明るさを照度（Eルクス）と呼び、見る方向によって法線照度（E_nルクス）・水平面照度（E_hルクス）・鉛直面照度（E_vルクス）がある。しかし、本が光源直下の鉛直面から傾斜していると、さらに光のエネルギーが弱められる。ところが、目に入

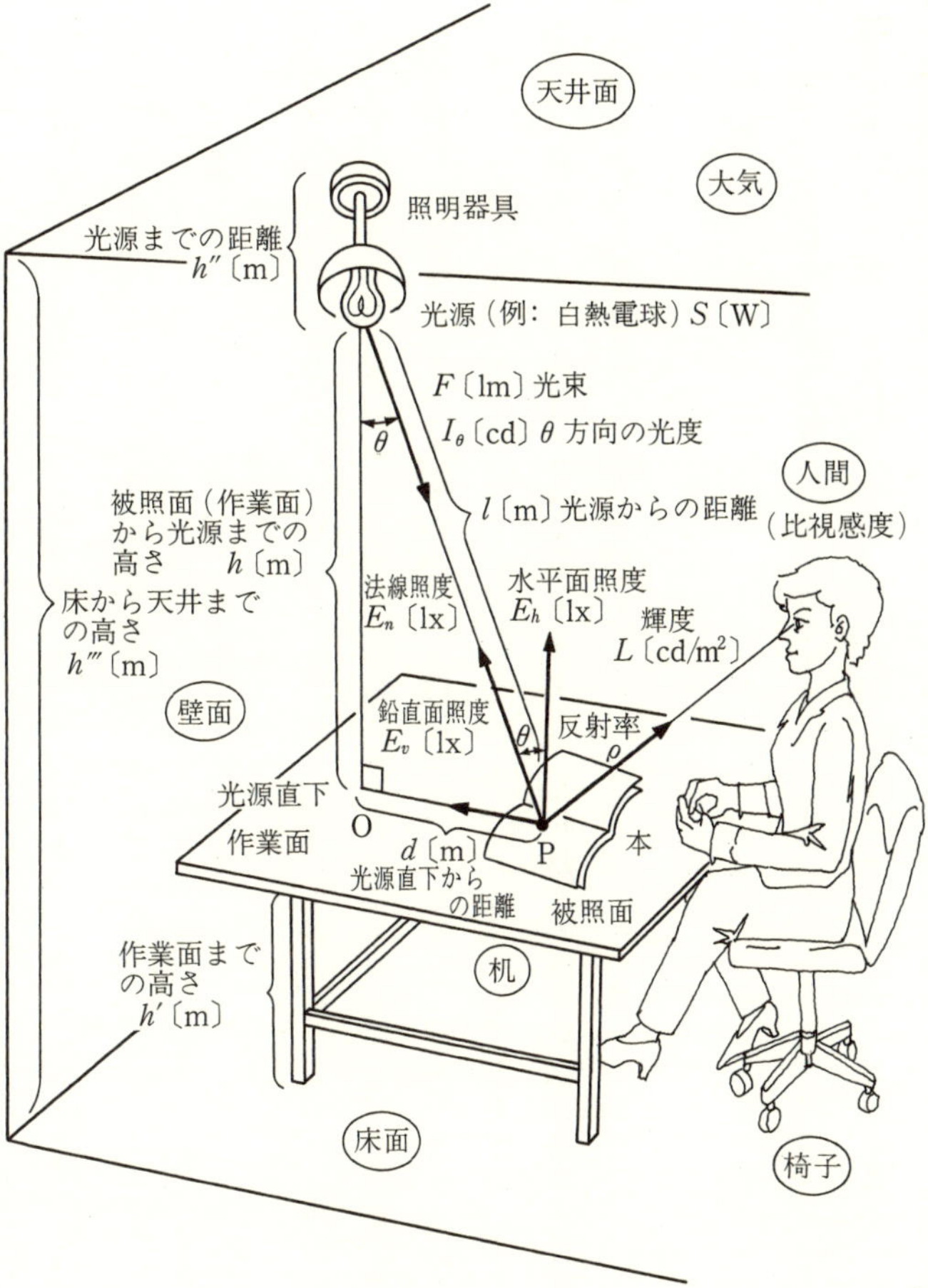

図 11　光源（例：白熱電球）で照明された本の文字が読める手順

ってきて視認する時の光のエネルギーは、紙面での反射光となるので反射率を照度に掛けた値となる。これが輝度（LまたはBカンデラ毎平方メートル〔cd/m^2〕）である。照度が大きいと大きく、紙面が白いほど大きくなる。それぞれの照明用語についても説明する。

光　源

燃焼発光・白熱発光などの熱放射で発生する光源としては、白熱電球・ハロゲン電球がある。ついで、ルミネセンスとして、低気圧で放電発光するネオンランプ・蛍光ランプなどが開発された。さらに、高気圧（一気圧以上）で放電発光し、演色性が異なる水銀ランプ・ナトリウムランプ・メタルハライドランプ・キセノンランプなども開発された。そのほかにも、蛍光体によるエレクトロルミネセンス（ＥＬ）、半導体による発光ダイオード（ＬＥＤ）の電界発光、ガス・金属蒸気・イオンなどレーザ発光（誘導放射）も用いられる。

光　束

光源から出る光の量を光束と呼び、単位はルーメン〔lm〕を用いる。一ルーメンは、一カンデラの一様な光度の点光源が立体角一ステラジアン内に発する光の量である。ところが、目が光を感じる度合は波長によって異なるので、波長λ、幅$\Delta\lambda$の部分の放射束Φ_lワット毎平方メートル

〔W/m^2〕が目に感じる度合は、比視感度（$V(\lambda)$）を掛けた値となる。その時の比例定数をkとして最大視感度六八三ルーメン毎ワット〔lm/W〕を用いる。

発光面から発散する微小面積当りの放射束（$\Delta\Phi_e$）・光束（$\Delta\Phi_v$）を放射発散度（M_eワット毎平方メートル）・光束発散度（Mルーメン毎平方メートル〔lm/m^2〕）という。

ある光源の発する全光束と全放射束との比を発光効率εといい、黒体の発光効率は六六二五ケルビンにおいて最高値八六三七に達する。

光　度

発光体（反射体・透過体を含む）の単位立体角当りに出る放射束の値を使って放射強度を定め、単位立体角当りに出る光束の値をとって光度Iカンデラ〔cd〕を定める。

$$I=\frac{d\Phi_v}{dw}\quad〔\mathrm{cd}〕$$

光源直下から特定の方向への直角θに向かっての光度をI_θ〔cd〕と表現し、被照面の明るさを与える計算に用いる。光源の各方向への分布を配光といい、一般に全光束は、光源の最大光度I_0〔cd〕との間に完全拡散で輝度が一様な場合には、つぎのような計算しやすい形の光源として取り扱っている。

○　球形光源

○　平面板形光源

○　円筒形光源

照　度

ある面の微小面積に入射する放射束をその面積で割ったものを放射照度と呼び、入射光束$\varDelta\Phi_v$〔lm〕をその面積$\varDelta A$〔m^2〕で割ったものが照度Eルクス（〔lx〕1 lx＝1 lm/m^2）である。

光源のある方向の光度をI（カンデラ）とし、距離l（メートル）の点で光源方向に垂直な面の照度を法線照度E_n（ルクス）といい、逆二乗の法則がある。また、光源方向と角度φだけ傾斜した面の照度E_φ（ルクス）とは余弦法則が成立する。

法線照度のほかに、その点を含む水平面上の照度を水平面照度E_h（ルクス）、その点を含む水平面に鉛直な平面上における照度を鉛直面照度E_v（ルクス）という。JISが推奨する住宅の照度基準を表2に示す。

また、照度の時間積分を露光量といい、一ルクスの照度が一秒間保たれた時の露光量（H〔lx・s〕）を一ルクス秒という。

表 2 住宅の照度基準（JIS Z 9110–1979）

照度〔lx〕	居間	書斎	子供室 勉強室	応接室（洋間）	座敷	食堂 台所	寝室	家事室 作業室	浴室 脱衣室	便所	廊下 階段	納屋 物置	玄関（内側）	門，玄関（外側）	車庫	庭
2,000																
1,500	○手芸							○手芸								
1,000	○裁縫							○裁縫								
750		○勉強 ○読書	○勉強 ○読書					○ミシン								
500	○読書 ○化粧 ○電話						○読書 ○化粧	○工作					○鏡			
300						○食卓 ○調理台 ○流し台			○ひげそり ○化粧 ○洗面						○掃除 ○点検	
200	○団らん ○娯楽		○遊び	○テーブル ○ソファ ○飾棚	○座卓 ○床の間			○洗濯					○くつぬぎ ○飾棚			
150																
100			全般					全般	全般				全般			○パーティ ○食事
75		全般				全般				全般						
50	全般			全般	全般						全般			○表札・門標 ○郵便受け ○押ボタン	全般	テラス 全般
30												全般				
20							全般									
10																
5														○通路		○通路
2							深夜			深夜	深夜			防犯		防犯
1																

表3　各種材料の反射率および透過率（単位：〔%〕）

材料の種類	反射率		吸収率	透過率	
	正	拡散		正	拡散
木材		50	50		
白壁		60	40		
茶壁		10	90		
コンクリート		25	75		
白タイル		70	30		
明るい色のリノリウム		55	45		
中間色のリノリウム		25	75		
暗い色のリノリウム		5	95		
アルミニウム	70		30		
つや消しアルミニウム		60	40		
銅	60		40		
ニッケル	55		45		
クロム	65		35		
鏡	85		15		
無色透明ガラス	10		10	80	
つや消し形ガラス	5	10	10		75
淡い乳色ガラス	5	15	10	20	50
濃い乳色ガラス	5	55	15		25
透明磨きプラスチック板	20			80	
透明粗面プラスチック板		20			80
白色粗面プラスチック板	40			60	
白木綿		55	5	10	30
黒木綿		3	90	5	2
アート紙		65	20		15
障子紙		50	5		45
白色ペンキ		70	30		
ベージュ色ペンキ		65	35		
青色ペンキ		40	60		
赤色ペンキ		20	80		
黒色ペンキ		5	95		

輝　　度

発光面（反射面，透過面を含む）の微小部分において，特定の方向の光度 ΔI〔cd〕を，その方向に直角な面へ投影した時の面積 ΔA〔m^2〕との比をその方向の輝度 L〔cd/m^2〕といい，面積のある発光体をある方向から見た時の明るさを表す。

各種材料の反射率などを表3に示す。

また，人間の目は可視光線の波長によって異なるので，輝度には色による相異のあることを覚えておく必要がある。

光束・光度・照度・輝度の関係を示すと図12のようになる。

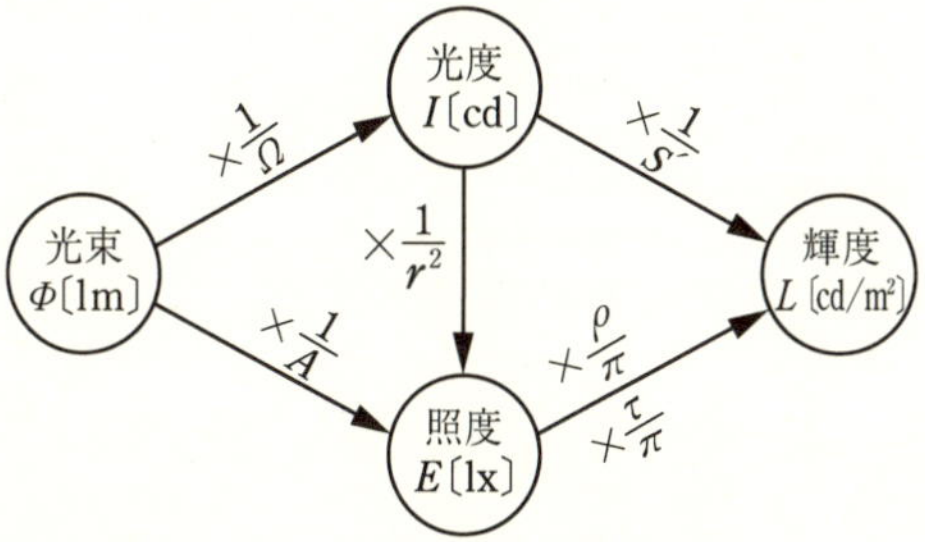

Ω：立体角〔sr〕　　S'：光源の見掛けの面積〔m^2〕
A：被照面の面積〔m^2〕　　ρ：反射率
r：光源と被照面の距離〔m〕　　τ：透過率

図12　光束，光度，照度，輝度の関係

よい照明の条件

よい照明とは、物を見て作業をしやすくする生理的要求と、ただ光があれば気分的によいとする心理的要求から判断することになる。定められた環境で、集団生活も個性を抑制することなく快適な日常であればよい。

十分な明るさ（照度）

生活での明るさの基準は昼光である。人工光源での照明光は太陽光に近いものがよい。視野が一様なら明るいほどよく見えはするが、あまり明るくしすぎるとまぶしさが増え、視認しづらくなるとともに目が疲れてくる。推奨したい明るさを日本工業規格（JIS Z 9110-1979）で、照度基準として定めている。

人間の目が物の形を見分けられるのは薄明視の領域で照度10^{-1}〜10ルクスの範囲である。それ以下では月夜の明るさとなり、暗所視といわれる範囲となる。10^{2}ルクス以上になるとだんだん物と色とがはっきりとわかる明所視の範囲になる。人工光源で作業をする時には、10^{2}〜10^{3}ルクスの明るさが必要である。屋外晴天の時には10^{5}ルクスとなる。

性別や年齢によっても、人間の目で見る明るさは異なってくる。例えば、二〇歳を基準とした時の高齢者に必要な明るさは、四〇歳で一・四倍、五〇歳で一・六倍、六〇歳で二倍である。（図13）。

ある広がりを持つ被照面の明るさの分布を表すのに照度分布を用いる。適当な照度ごとに描かれた線からなる等照度曲線図（水平等照度曲線、鉛直等照度曲線による図）がある。

むらのない明るさ（光束発散度）

照明のむらの程度を制限するのに均斉度を用いる。屋内の照明では、被照面上（$(E_{max}-E_{av})/E_{av}$，$(E_{av}-E_{min})/E_{av}$ のうちで大きいほうが〇・三以下なら均一照明とされる。道路照明は、E_{min}/E_{max}を用い、商業街路で一〇分の一、主要交通路で三〇分の一、そのほかの街路では四〇分の一を最大限度としている。これらを表4にまとめる。

均一な照度分布を必要とする場合には、光源の数を多くするか、壁・天井などに拡散・反射をするような材料を用いる。その一方で、照度分布を不均一にして、ある部分だけを高照度にするパターン照明手法を用いると特殊な効果をあげることが可能である。

目で見ようとする物が大きければ、むらのない明るさ、すなわち視標と周囲環境との光束発散度を同じにすればよいが、視野の中で視標が小さい場合には、作業対象物と環境との明るさを適当な

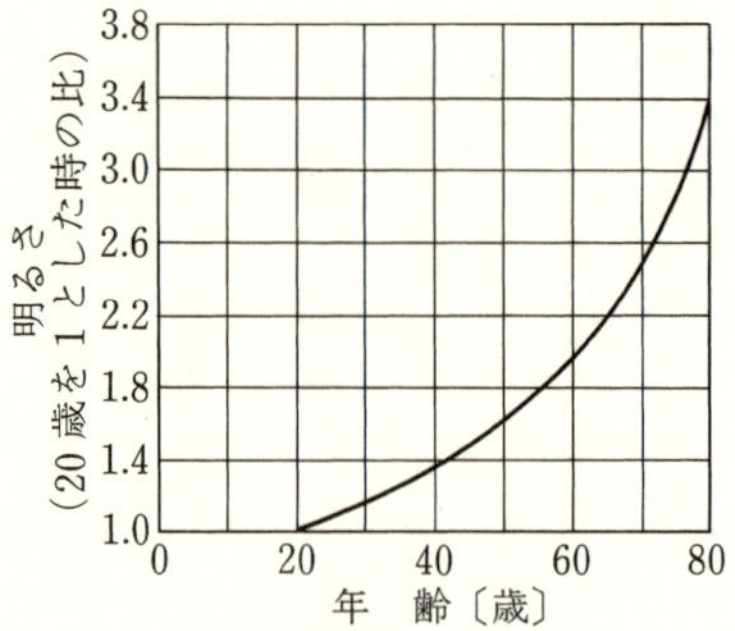

図 13　年齢に対する必要な明るさ
（I.E.S 1952）

表 4　均斉度の推奨値

場　　所	均 斉 度 の 値
屋内照明	$\frac{E_{max}-E_{av}}{E_{av}}$, $\frac{E_{av}-E_{min}}{E_{av}}$ の大きいほうが 0.3 以下
商業街路	$\frac{E_{min}}{E_{max}}$ が 1/10 の限度内
主要交通路	$\frac{E_{min}}{E_{max}}$ が 1/30 の限度内
そのほかの街路	$\frac{E_{min}}{E_{max}}$ が 1/40

比率で視標を明るくするとよい。その値を表5に示す。

また，作業の種類によっても見やすい光束発散度があるので表6に参考値を示す。

まぶしくないこと（正反射）

光源が直接目に入る時や反射光が目に強く入ってくると，まぶしくて，物が見づらくなったり，目が疲れたりしてくる。低輝度光源を使うか，光源の位置・高さ・方向を調節したり，グローブを付けたり，つやのない反射面を設けたりしてまぶしさを取り除く方法を考慮する。

輝度の限界は，つねに視野にある光源は〇・二カンデラ毎平方メートル以下，ときどき目に入ってくる光源は〇・五カンデラ毎平方メートル以下であることが必要である。蛍光放電ランプの輝度はほぼ

表5　作業対象物と環境との明るさの比率

種　　別	明視照明	生産照明
作業対象物とその隣接部分	5：1	5：1
作業対象物とそれより離れた周囲	10：1	20：1
照明器具や窓とその周辺部	20：1	40：1
視野内の最も対比の大きい場所	40：1	80：1

表6　光束発散度の参考値

種　　別	光束発散度〔lm/m²〕
長時間の非常に細かい作業（製図，工具製作，検査）	2,000
長時間の近接作業（事務，図書閲覧，一般工場作業）	500
短時間の楽な作業（ロビー，食堂，応接室）	150
細かな物を見ないでよい作業（廊下，粗い機械作業）	35

〇・四八〜〇・七二カンデラ毎平方メートルである。

柔らかいかげの効果（陰影）

陰影（かげ）は明度差のある時にでき、物そのものの明度差が陰で、立体感を与えるのに関係し、一対二〜六の範囲に輝度比をとるとよい。一対二未満では平板に見え、一対八以上ではどぎつい感じを与える。立体感をよく見せるのは、一対三の時である。一方、影の効果は遠近の感じを与えるもので、物の存在位置を示すことに役立っている。作業をする人間にとって手暗がりや頭暗がりができたり、対象物の視覚作業を邪魔することがあるので、光源の位置に注意する必要がある。陰は物体面での明暗であり、影は物体がほかの物に光をさえぎった時にできる暗い部分である。

光色がよく、熱が少ないこと（分光分布特性）

光色がよいのは、光色が不自然な感じを与えないこと、すなわち対象物などの色が昼間の印象と変わらないことである。光源の分光分布特性が太陽光と異なる場合には、物体色の見え方に変化が生じ、本来の色（標準光源を定め、その照明下での色を基準とする）と異って見える。この色味の違って見える現象を演色といい、これを決定する光源の性質のことを演色性という。演色性の度合を表すのに平均演色評価数を用いる。これは、八種類の定められた物体色を、試験光源・基準光源と照らし比べて、八種の色違いの度合を平均し、一〇〇の数から減算する。標準光源と、まったく等しい演色性の場合の平均演色評価数が一〇〇である。

標準光源としては、標準光A（二八五四ケルビンの黒体放射の色温度、例えば電球光である）、標準光B（AにDGフィルタBをかけた光、四八七〇ケルビン、例えば太陽光である）、標準光C（BにDGフィルタCをかけた光、六七七〇ケルビン、例えば昼光である）標準光D（六五〇〇ケルビンの合成昼光）を用いる。最も演色性のよい光源は、キセノンアーク灯である。水銀灯四〇〇ワットと電球一キロワット、蛍光水銀灯と電球五〇〇ワットなどを同数個組み合わせた混光照明でも演色性を改善することができる。

赤色の光や赤外線は熱線が多く含まれているので、クールビームランプを用いることがある。

照明方式が適切であること（機能）

定められた光源で、目標の対象物を局部的に照明するか、被照面全体を均一に照明する場合や、直接光か柔らかくした反射光にするのかで、手法が異なってくる。大きく分類するとつぎの三つに大別できる。

全　般　照　明

部屋全体、または広場・競技場全体を一様な明るさに照明する方法で、均斉度の値が条件に当てはまらなければならない。照度むらの出ないように心掛けて、少数のランプを配置すると経済的に安価となる。天井の低い場合は、直管の蛍光ランプを用い、天井の高い場合は高輝度放電ランプを用いる。明視照明を目的とする時に多く用いられる。配光の具合によって、つぎのものがある。

(1) 直 接 照 明

明るさを得る時の効率が最もよい方式であるが、輝度が大きくてまぶしくなったり、背景との対比が大きくなったりすることがある。設計はしやすい。

(2) 間 接 照 明

照明効率が低く、照明器具取付のための建築費が高くなる。陰影が柔らかく、優しいので、雰囲気照明によい方式である。手元のみを照明するには、机上・フロアスタンド、ブラケット、ピンホールなどによる照明手法がある。

(3) 半 間 接 照 明

半透明の材料（乳白色ガラス、プラスチックスなど）の板を通して、透過光を被照面に当てる手法で、カバー付・グローブ付器具がある。直接照明と間接照明の中間的得失を持っている。

(4) 建 築 化 照 明

光源自体を建築構造物に仕込んでしまうもので、構造が複雑となり、建築費がかさむ。天井面を反射板としたもの、天井裏に仕込んだ光天井や壁面にガラス板を介して仕込んだもの、足元の床タイルの中に仕込んだものまである。星座を用いたものなどが流行した。

局　部　照　明

ある局部（例えば作業面）だけを照明する手法である。小電力で経済的に安価となるが、目の疲れを防ぐためには周囲の明るさを作業面の五分の一から一〇分の一程度の全般照明を行う必要がある。反射形電球・キセノンランプ（ショートアーク形）などを用いる。商店のショウウィンドウ、工場の検査場などに採用される。

局部的全般照明

部屋全体の一部だけを均一な明るさに照明する手法である。会議室・食堂などの使用する卓上だけを照明する。照明器具は反射笠付の各種光源を目的に合わせて選択する。

気分のよいこと（心理的効果）

照明することで自分の環境で安らげるような心理的効果を計画に折り込むのがよい。手法としては、目線に対して、天井・壁・床と上から下に向かっての明暗、輝度分布の下げ方、光の色、家具調度品との色彩調節を考慮することなどがある。

また、水平面照度がよくても鉛直面照度がよくないと顔面の陰影が強くなって表情が不自然となる。店舗などでの展示品が見えにくくなったりする。光源の位置と光の散り方の度合を定める。

優秀な意匠（美的効果）

照明される環境での点灯時には、照明器具が一番目に付く、美観と機能が両立する設計で、建築物などの環境に調和する意匠であることが大切である。美的効果に役立たないものは排除し、簡素で不自然さがなく、配置も対称・非対称自由にデザインされてよい。

光源からの光の通り道には透過率の制約があるが、ほかの部分は反射率（波長ごと）を考慮した配光・器具効率を掌握すれば、計画者のアイディアで光のデザインをするのがよい。

照明器具から出る光束を光源の全光束と比較したものを器具効率、作業面に照射される光束を光源の全光束と比較したものを照明率という。蛍光ランプの器具効率の比較を表7に示す。

設備費・運営費が安いこと（経済）

事務所・工場では能率向上、店舗では売上増加をねらって照明光をデザインするが、その際には設備費・運営費を算出し、経済的負担の軽い照明手法とルクス当りの照明費の低い、効率のよい光源・照明器

表7　蛍光ランプの器具効率の比較

種　　類	器具効率〔%〕
笠なし形	90
下面開放形 反射笠付形	60〜80
下面パネル付形 乳白色カバー付形	50〜60

具を選択する。この場合、室内面の反射率の大きなものを選択すると照明費が安価となる。照明経済比較のダイアグラムを図14に示す。

一方、点滅・調光系統を統一し、電力使用の合理化も図るとともに、保守管理のしやすい設備とする。例えば、光源の取替えはそれを使用している人が可能であること、清掃の容易な場所であること、破損した時の代品が得やすい器具であることなどである。

室内一般照明では、蛍光ランプは白熱電球に比べて器具代は高価であるが、消費電力が少ないので長期間使用する時には有利となる。

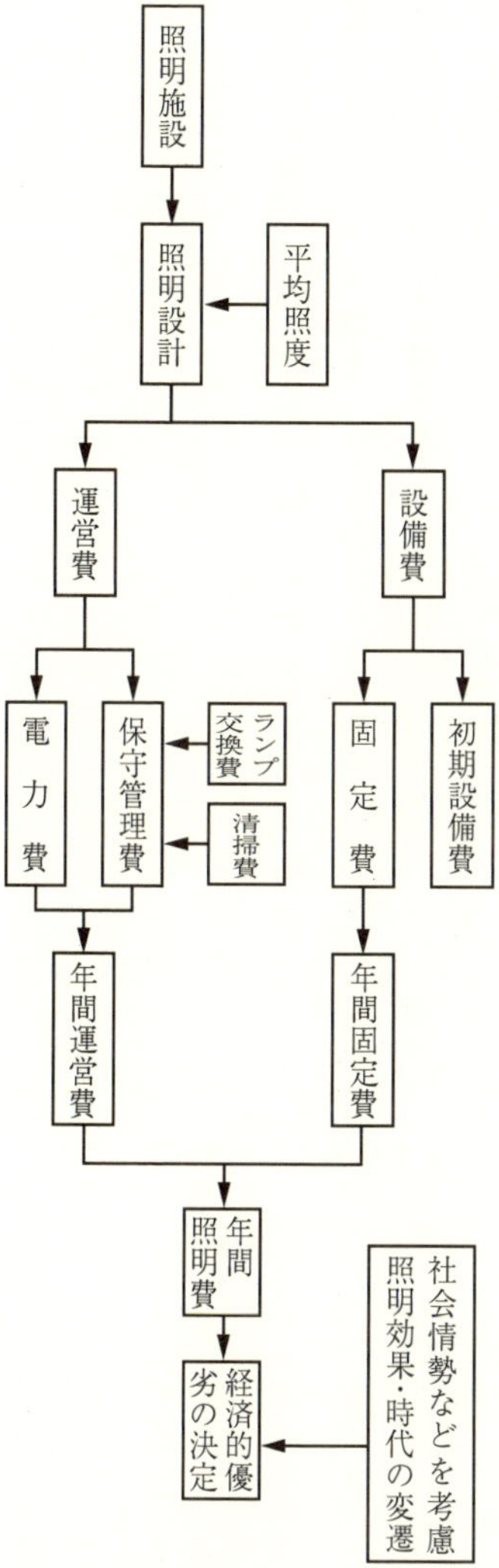

図14　照明経済比較のダイアグラム

また、昼間の室内は照明費のかからない昼光照明の併用を行いたいものである（ＰＳＡＬＩ照明については6章を参照するとよい）。

保守管理が容易なこと（労働）

照明設備が環境に合致し、照明器具のデザインに優れていても、電気主任技術者が維持管理に困難をきたすような設計では運営費がかさんだり、消えたままの照明器具で放置される状況が目に付いてしまう。機能維持のための点検作業日程を定めて作業者が正しく記録を残せるように実施する。清掃を怠ったり、光源の耐用年数を超えた使用は照度不足をきたすので作業能率や健康に悪い影響が出る。汚れの累積による光出力の減少を図15に示す。材質別の清掃方法と留意事項を表８に示す。ランプの適正な交換時間の比較を表９に示す。

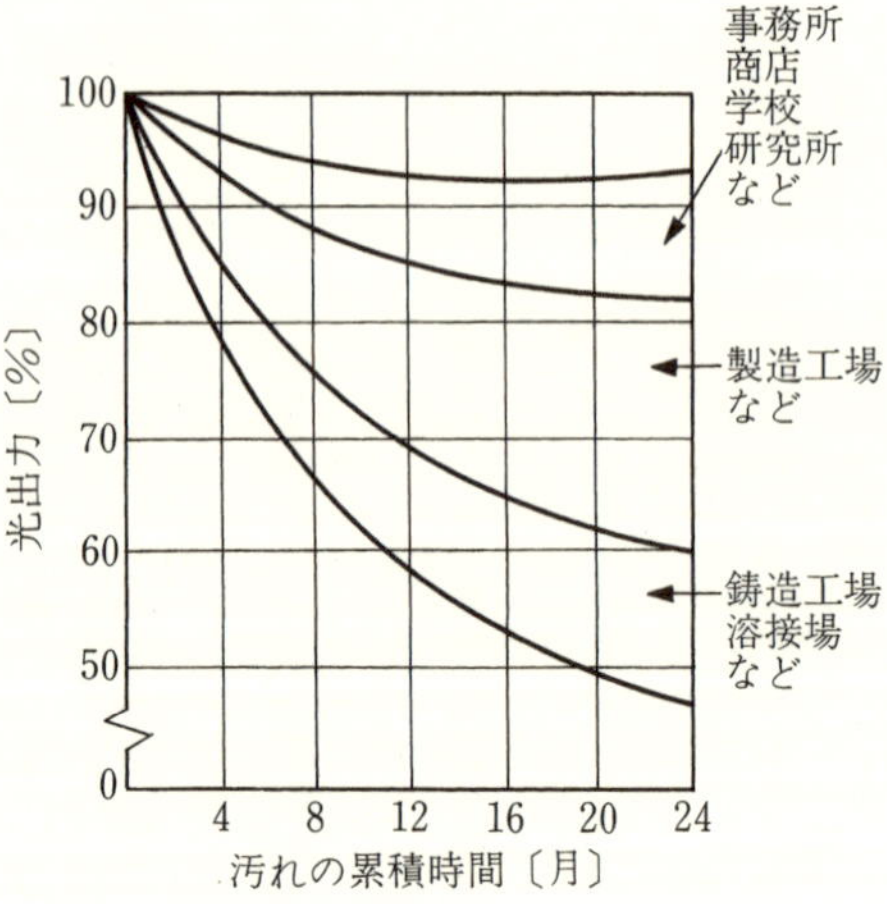

図 15　汚れの累積による光出力の減少

表8　材質別の清掃方法と留意事項

<table>
<tr><th>素　材</th><th>方　　法</th><th>留　意　事　項</th></tr>
<tr><td>ガ　ラ　ス
(ランプを含む)</td><td rowspan="2">中性洗剤を用い，水洗いの後からぶきをする
自動車のワックスやガラス磨きがよい</td><td rowspan="2">導電部分は水につけない
水洗後はよく水気をとる</td></tr>
<tr><td>ほ　う　ろ　う</td></tr>
<tr><td>アルミニウム</td><td rowspan="3">中性洗剤を用い，水洗いの後からぶきをする</td><td>強いアルカリ性や酸性のものは使わない
からぶき後，ペースト状のワックスでふいておく</td></tr>
<tr><td>メラミン樹脂などの合成塗料</td><td>ガソリン，シンナーを使わない
摩滅性クリーナを使わない</td></tr>
<tr><td>エナメル仕上げ</td><td>アルコールや磨き砂は使わない</td></tr>
<tr><td>プラスチック</td><td>ぬれた布でふくか，水洗いする</td><td>あまり乾いた布でふくと，帯電のためほこりがつきやすくなる
清掃後，帯電防止剤を塗っておく</td></tr>
</table>

〔注〕　季節に一度程度。ただし，からぶきは，月に一度程度の割合で手入れする。

表9　ランプの適正な交換時間

<table>
<tr><th rowspan="2">交換方法
区　分</th><th colspan="2">ランプ交換の一般的な場合</th><th colspan="2">設備の償却費を含めた場合</th></tr>
<tr><th>個別集団交換</th><th>一斉集団交換</th><th>個別集団方式</th><th>一斉集団方式</th></tr>
<tr><td>交換時間〔時間〕</td><td>6,000</td><td>5,300</td><td>4,500</td><td>4,500</td></tr>
</table>

〔注〕　1）経済的交換時間は，事務所の大小にはあまり影響ない
2）一般的には個別集団方式が，一斉集団方式に比べて経済的である
3）特に設備の償却費を含めた場合には，交換時間は短くなるが交換方式による差はない

環境情緒を演出する照明

照明光の色彩効果

照明光は色彩を持っている。目に入ってくる感情効果としては、色光の持つ効果と、被照面（天井・壁・床・調度品など）の色のもたらす効果がある。心理的には安全性・色の強調性・雰囲気持続性・被照射対象物の判別性・保安信号性などの効果を考えた分類が存在する。光源の改良と照明器具の開発によって、演出効果を手軽に得ることが可能となった。

光の影響

照明環境へのほかの光の侵入による計画外の出来事や、逆に自然環境の船の不便や星空への影響、動植物の自然生態系への影響は十分精査して結論を出しておく必要がある。

光の強さと色

自然の光環境を乱して夜間を明るくすることは、生産性を高め、快適・安全な活動をもたらし、楽しくさせることで意義がある。

しかし、照明機器から照射される光の一部が、その目的外に照射され、人の活動や生物などに悪影響を及ぼす〝光害《ひかりがい》〟が生じる。道路・街路、商店などの漏れ光で、星空を眺められないのも悲しい。照明器具の配光曲線の吟味と高効率の照明計画をすすめなければならない。

交通（港湾・空港）に対しては、運行に必要な視覚情報を与えるものと、ターミナルやエプロンを含めた旅客サービスに必要な照明と海上照明が景観照明と折り合いをつけて関連規則の遵守で調和を保つ必要がある。

生物への悪影響では、形態変化（外見的な変化）と生理的変化となって現れる。形態変化は、新芽の発生・葉の成長、紅葉遅れと紅葉色、開花不能などである。生理的な変化は、二酸化炭素・水分の吸収率変化、イオン流量変化などである。光放射の光合成有効放射の波長域は四〇〇〜七〇〇ナノメートル、生理的有効放射の波長域は三〇〇〜八〇〇ナノメートルである。光合成のほかには、光周性・光属性・光傾性、分光感度特性なども検討を要する。

赤　外　線

照明光に含まれる赤外線は加熱作用として働き、空気を乾燥させる。生理的には、葉や茎の伸長は六六〇ナノメートル（赤色光：Red）と七三〇ナノメートル（遠赤色光：Far-Red）を中心とする二つの波長域に含まれる光量子束比（R／FR比）と関係し、植物の成長を制御する。

高圧ナトリウムランプ、マルチハロゲンランプが光合成有効光量子束効率のPPF効率

（Photosynthetic Photon Flux 効率）が多い。

紫外線

可視光線より波長の短い紫外線のエネルギーを放射する光源も多く、生物に対する影響も大きい。もともと、太陽エネルギーにも健康・殺菌などの化学反応作用があるわけであるが、その自然光の建物内への採り入れ方での制約を、人工光源にも考慮する必要がある。

一方、陽光ランプ、殺菌ランプなどの紫外線を放出するランプがある。陽光ランプは光質が太陽光のスペクトルに似て、演色性がよく、用途も広く、今後期待される。しかし、室内においては、光環境・温度環境の年間サイクルを屋外のように管理することが困難なので、照明器具を選択する時に、光合成有効光量子束密度ＰＰＦＤ効率を計画する。

新しい植物育成用光源

Ｒ／ＦＲ比（Ｒ／ＦＲ比六六〇～七三〇ナノメートル）の値は植物の成長性能に関係し、白熱電球以外の光源は標準昼光に比べ大きいので植物は矮性化する。

蛍光ランプの中で一般照明用に演色性を改善した三波長形蛍光ランプがあるが、Ｒ／ＦＲ比特性を標準昼光に近づけた四波長形植物育成用蛍光ランプが最近開発された。

生物には太陽暦に合わせた花芽形成への一定のサイクルがある。夜の長短によって花芽の形成されることを光周性と呼び、夜の時間が長くなり始めると、花芽のつけるものを短日植物、その逆のものを長日植物、日長に関係なく花芽をつけるものを中間植物と分類している。

昆虫などによる光害

夜間照明で誘引された虫が照明器具に集まってくる。産卵すると成虫の食害以外に幼虫による長期間の被害をこうむる。また、その虫を狙ったクモによるクモの巣のために植物に被害が発生することもある。

昆虫対策としては、〝純黄色カラード蛍光ランプ〟を点灯して、夜行性の暗適応性格を明適応性格の環境にすることで成虫の産卵を抑える。また、昆虫の好む走行性光源（捕虫器用蛍光ランプ分光特性）を用いた〝誘虫灯〟、〝電撃殺虫器〟が発売されている。

3　インテリアとしての照明器具の選び方

光源の明るさ、演色性、効率

光源には小形で軽量、演色性のよい点光源と、高照度で効率のよい平面光源と、大出力で演色性のよい点光源の三種類が出現している。

図16におもな光源の種類を示したが、照明設計では、原則的にこれだけの光源の種類を使い分けすることで十分である。

また、照明施設に適した光源を表10に示す。

電気のエネルギーを発光に利用するようになってから、光源の発光効率（ランプ効率とも呼び、光源の消費電力（ワット）当りの光源の全光束（ルーメン）である）の向上が図られ、白熱電球

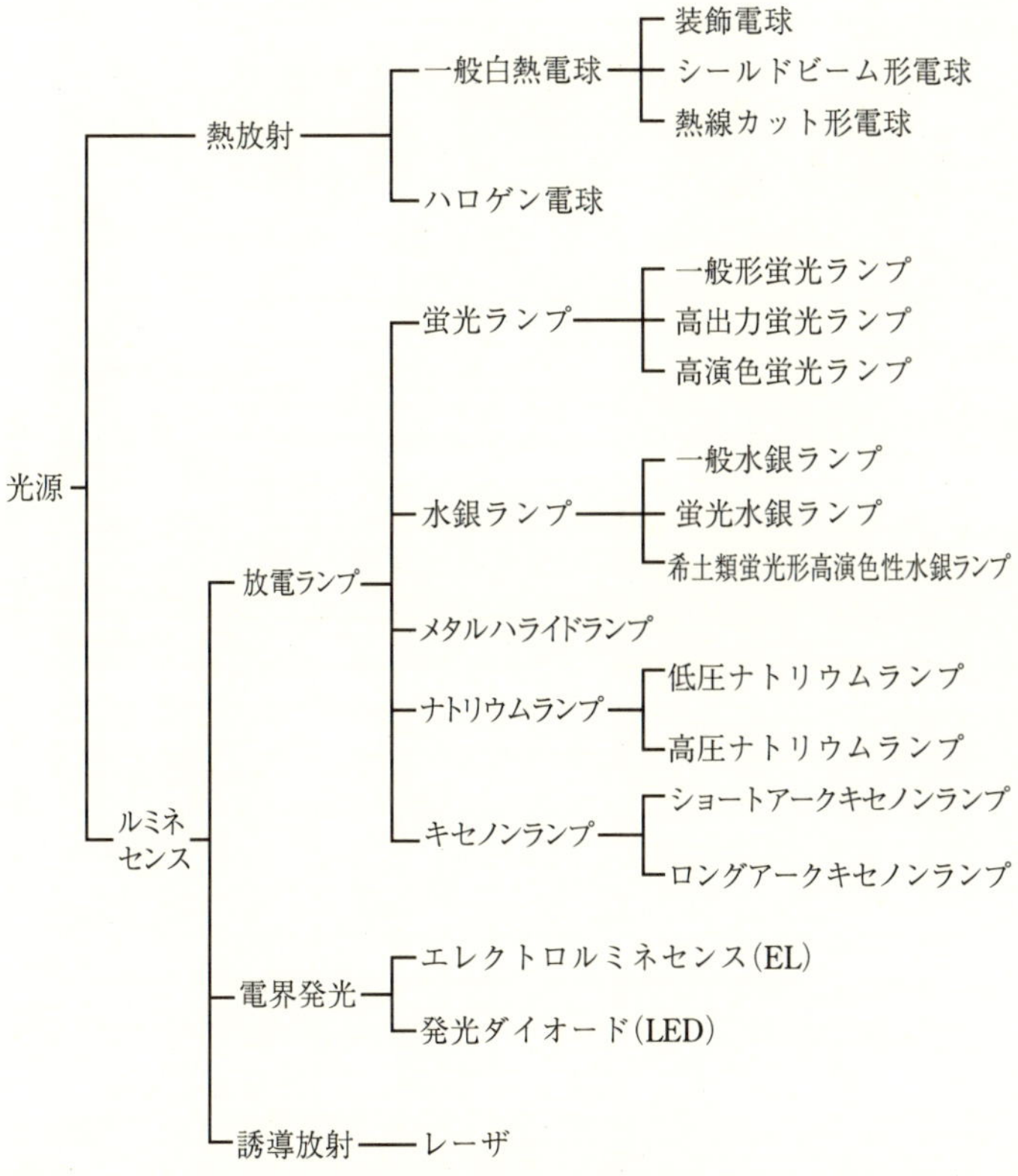
光源
熱放射
一般白熱電球
装飾電球
シールドビーム形電球
熱線カット形電球
ハロゲン電球
ルミネセンス
放電ランプ
蛍光ランプ
一般形蛍光ランプ
高出力蛍光ランプ
高演色蛍光ランプ
水銀ランプ
一般水銀ランプ
蛍光水銀ランプ
希土類蛍光形高演色性水銀ランプ
メタルハライドランプ
ナトリウムランプ
低圧ナトリウムランプ
高圧ナトリウムランプ
キセノンランプ
ショートアークキセノンランプ
ロングアークキセノンランプ
電界発光
エレクトロルミネセンス(EL)
発光ダイオード(LED)
誘導放射
レーザ

図16　光 源 の 種 類

表 10　照明施設に適した光源

◎：最適　○：使用可

おもな光源		屋内 住所	屋内 事務所・学校	屋内 病院 一般	屋内 病院 診療室	屋内 店舗 一般	屋内 店舗 商品展示	屋内 レストラン・ホテル	屋内 美術館・博物館	屋内 工場 高天井	屋内 工場 低天井	屋外 工場・港湾・駐車場	屋外 居住地	屋外 公園・広場	劇場 劇場・TV 一般	劇場 劇場・TV スタジオ	スポーツ 屋外	スポーツ 屋内	道路 自動車道路	道路 トンネル	道路 一般道路	道路 街路
白熱電球	一般白熱電球	◎		○	◎	○	◎	◎	○				○		◎							
	ハロゲン電球			○	○	○	◎	◎	◎			○			○	◎		○				
蛍光ランプ	電球形蛍光ランプ	◎	○	○		○		◎							○							
	蛍光ランプ（一般形）	○	◎	○		○		○		○	◎		○					○		◎		○
	三波長形蛍光ランプ	◎	◎	◎		◎	◎	◎	○						◎							
	高演色蛍光ランプ(SDL 形)				◎	◎	◎	○	◎							○						
	Hf 形蛍光ランプ		◎	◎		◎	◎	◎	○						◎							
	コンパクト形蛍光ランプ	○	○	○		◎	◎	◎							○							○
HIDランプ	水銀ランプ											○										
	蛍光水銀ランプ									○	○	◎	◎	◎			○	○	○		○	○
	メタルハライドランプ（低始動電圧形）		○							○	○	○		◎		○	◎	◎			○	○
	〃（コンパクト形）		○			○	◎	◎	○						○	○						
	〃（高演色形）																◎	◎				○
	高圧ナトリウムランプ（始動器内蔵形）		○							◎	◎	◎	◎	◎			◎	○	◎	○	◎	◎
	〃（演色改善形）									○	◎			○				◎				
	〃（高演色形）					◎	◎	◎								○						
低圧ナトリウムランプ													○						○	◎	◎	

（一六ルーメン毎ワット）からハロゲン電球・蛍光ランプの出現で効率・寿命が大幅に増大し、水銀ランプ・蛍光水銀ランプ・メタルハライドランプ・キセノンランプの開発とともに効率は向上し、高圧ナトリウムランプでは効率が一〇〇ルーメン毎ワットを超えるものとなった。

光源を照明光として用いる時には、建築物に取付けしやすく、装飾的にデザインされた装置に収納して使用する。点灯時に安定器を使用する光源もあるので、これを光源の総合効率、またはランプの総合効率と呼んでいる。

光源の種類

白熱電球

一般照明用電球は、手軽に取り付けられるのと、安価なので、使用範囲が広い光源である。さらに、インテリアデザインする時には、自由な組合せができる特徴を持っている。

発光色は、暖かみのある光色と柔らかい雰囲気を持ち、演色性がよい光源である。ガス入り・二重コイル電球となり、ホワイトタイプとクリアタイプがある。また、笠を付けない、大きめのボール電球として使える低輝度（一五分の一以下）のものも開発された。ガラス球の内壁に高拡散性で

表11　白熱電球の種類

種類		形式例	電圧〔V〕	ワット別種類	用途	外観
一般形電球	ホワイトタイプ〈ソフトシリカ〉	LW100V-60W LW110V-60W	110	10，19，20，38，40，57，60，95，100	屋内	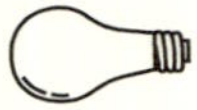
			110	10，20，30，40，60，100	屋内	
	クリアタイプ	L100V-60W L110V-60W L100V-200W	100	20，40，60，100，150，200	屋内	
			110	20，40，60，100，150，200	屋内	
ボールランプ	95mmφ ホワイトタイプ	GW100/110V-60W95	100〜110	40，60，100	屋内	
	95mmφ クリアタイプ	GC100/110V-60W95	100〜110	40，60，100	屋内	
	50mmφ ホワイトタイプ	GW100/110V-25W50	100〜110	25，40	屋内	
小形電球		L100/110V-2C	100〜110	1CT（ナツメ形）3W 1CG（丸形） 2C（丸形）	屋内	 1CT 3W　1CG　2C
シャンデリア電球		LC100/110V-40WC	100〜110	25，40	屋内	
反射形投光電球		RF100V-100W	100	60，100，150，200	屋内	
		RF100/110V-100WH	100〜110	100，200，300，500	屋外	
ハロゲン電球	一般照明用	J220V-1,000W	110	500	屋外	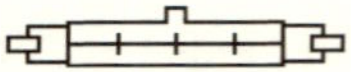
			220	1,000，1,500		
	航空照明用	JF6.6A-65W	電流 6.6A	45，65，200	屋外	

光吸収の少ない SiO_2 白色被膜が塗布してある。

さらに、高輝度で白色発光を得るために、微量のハロゲン属元素（ヨウ素）を封入したハロゲン電球も開発された。高効率、高出力、長寿命である。表11に白熱電球の種類を示す。

赤外線反射膜付ミニハロゲン電球付ダイクールオプティカルミラー電球

白熱電球は可視光線に変換されるエネルギーが約一〇パーセントで、ほかのほとんどが赤外線を放射する輻射熱となり、陳列商品に熱害を与えたり、熱による不快感を感じさせる。この熱線を器具の前面に出さないように工夫したのがこの器具である。

赤外線反射膜付ミニハロゲン電球で、電球から出ようとする赤外線はガラス球に塗布された反射膜で内部に戻し、外部に出た光の赤外線は、反射板のダイクールオプティカルミラーで透過処理し、前面には可視光のみを反射させて光を出す構造で、総合的に約九〇パーセントの赤外線を除去するランプである。

熱線カット形ハロゲン電球の構造と分光分布特性を図17に示す。

ランプ内で反射された赤外線（熱線）はランプ中心のフィラメントの加熱に再利用するという効果がある。大きさは六五、八五、一三〇の各ワット数のものがある。

赤外線反射膜付ミニハロゲン電球付ダイクールオプティカルミラー電球の構造と働きを図18に示

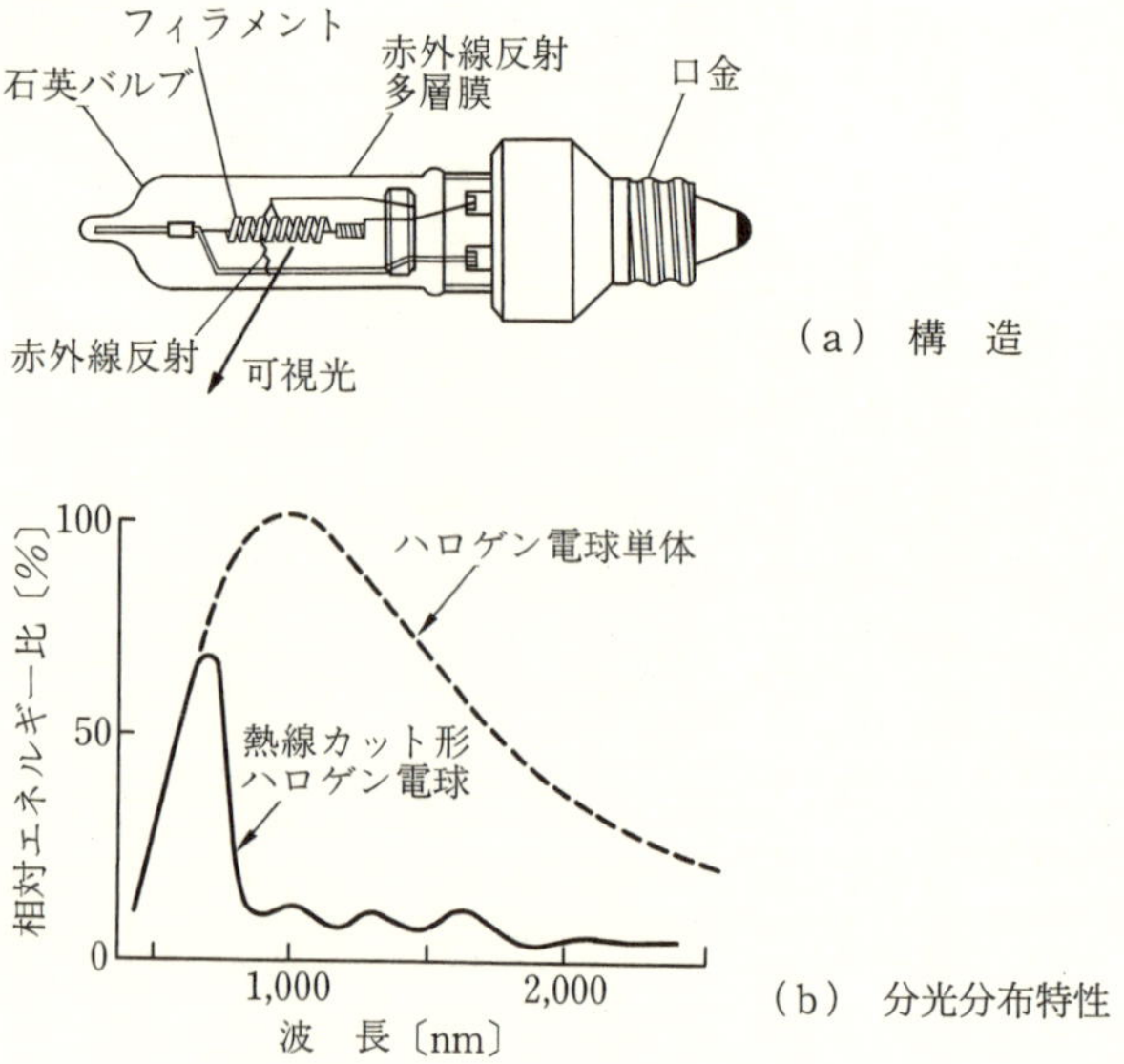

図 17　熱線カット形ハロゲン電球の構造と分光分布特性

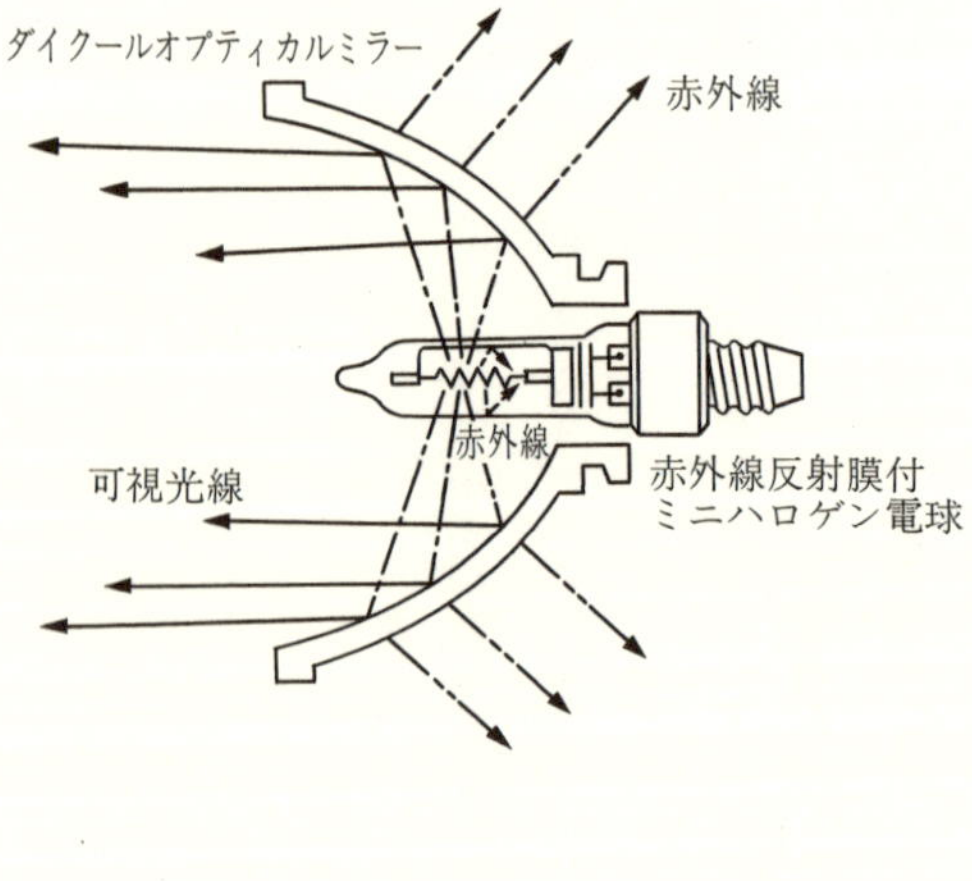

図 18　赤外線反射膜付ミニハロゲン電球付ダイクールオプティカルミラー電球の構造と働き

す。

前面にカラーフィルタを装着すると好みのカラー投光が可能となる。

蛍光ランプ

一般形蛍光ランプ

放出熱電子が水銀ガスを励起し、放電管内壁に塗布した蛍光物質に当たり、三回目のエネルギー変換を起こし、可視光線を発するようにした光源である。蛍光物質の混合材料によって分光分布特性が変わる。線光源で、まぶしくなく、熱放出が少なく、長寿命で効率がよい。蛍光ランプはその形状から、直管形、環状形、電球形などの種類がある。

一般蛍光ランプは予熱始動形で点灯管（グロースタータ）、または始動スイッチなどで電極を予熱して点灯していたが、ラピッドスタート形蛍光ランプは始動補助装置を設け、電極予熱回路を持った安定器を使用し、瞬時点灯するものである。高出力蛍光ランプは、管電流を増加し、全光束を一・五倍、超高出力蛍光ランプは、二・五倍としたものである。表12に蛍光ランプの外観と用途を、表13に特徴と用途を示す。

三波長形蛍光ランプ

3種類の狭帯域蛍光体の赤・緑・青を組み合わせた蛍光ランプである。効率が一〇～三〇パーセ

表 12　蛍光ランプの外観と用途

外　観	種　類	特　徴	用　途
	電球形	電球代替用として安定器内蔵の電球口金付	住宅，店舗，ホテル，レストランなどのダウンライト
 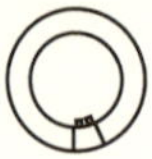	スタータ形 (直管形，環状形)	スタータ(点灯管)と安定器で点灯するランプ	住宅，店舗，事務所，工場などの一般照明用 高演色性は美術館など
	ラピッドスタート形 (直管形，環状形)	スタータなしで即時点灯するランプ	事務所，店舗，工場などの一般照明用
	Hf 形 (高周波点灯専用)	高周波点灯専用安定器で点灯する効率のよいランプ	事務所，工場，店舗などの一般照明用
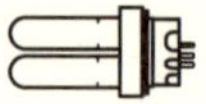	コンパクト形	U 形，ダブル U 形にしたコンパクトなランプ	店舗などのベース照明，ダウンライトなど

表 13　蛍光ランプの特徴と用途

区分	種類		光源色	特徴および光色	用途
温白色形	普通形		温白色	電球に近い暖かみのある雰囲気と明るさが要求される場所に適する	白熱電球の代替
			白熱温白色	白熱電球に近づけたもので，効率も良好	白熱電球の代替，省電力形
白色形	普通形		白色 4～110 W	最も明るい。やや黄味のある白色光	一般照明向 事務所,住宅,工場
	高効率形			明るさ(効率)と経済性を重視して設計	工場
	演色改善形	真天然色形	デラックス 10～110 W	高い演色性と明るさを持つ。すっきりとした，黄味のある白色光，色の見え方と照度が両立する。周囲のものの色をより美しく見せ鮮やかな雰囲気を作りだす	印刷工場，美術館，デパート,アトリエ,一般家庭(居間,食堂),スーパー，小売店
		純天然色形	色評価用純正色	日中の自然光に近い白色光。最も高い演色性	写真現像，染色工場，色検査，生鮮食料,果物店，呉服店
色光色形			カラービューワー用純正色	演色性を大幅に工場させたランプ。赤から青に至るまでのすべての色が美しく，鮮やかに見える。色温度 5,000K で最高の演色性(北窓から射す自然光に近い,涼しい感じの光色)	生鮮食料，果物店
		特殊用途	葉たばこ用	葉たばこの色選別によい	葉たばこ選別
	普通形		昼光色 4～110 W	涼しいさわやかな感じのホワイトブルーの光色	事務所，住宅
	高効率形				

ント向上し、平均演色評価数は八八である。発光色は、電球色（L）・温白色（WW）・昼光色（D）・昼白色（N）と種類が多くなった。

高周波蛍光ランプ（Hf）

高周波で点灯した時に最も高効率の三波長形蛍光ランプで、三二ワット用の効率は一〇〇ルーメン毎ワット、平均演色評価数八八、寿命一二〇〇〇時間で、発光色は電球色（L）、昼光色（D）、昼白色（N）がある。

コンパクト形蛍光ランプ

ガラス管を二重（FPL形）か、四重（FDL、FML、FWL形）に折り曲げたり接合したりして、コンパクトな形状にした蛍光ランプである。ランプ電力は四～九六ワットである。三波長形蛍光ランプであるが、効率はやや低く、寿命も短い。

電球形蛍光ランプ（安定器内蔵形）

安定器と点灯回路を発光本体に収納して、電球ソケットにそのまま取り付けて使える電球形をしている。効率は四〇～六五ルーメン毎ワットで、白熱電球の三～四倍も高いが、電力費が安く経済性がよい。

新しい蛍光ランプの種類と特性比較の表を、表14に示す。

表 14　新しい蛍光ランプの種類と特性比較

種　類	形　名	ランプ電力〔W〕	全光束〔lm〕	効　率〔lm/W〕	平均演色評価数 R_a	寿　命〔時〕
一　般　形	FLR 40 S・N/M	40	2,850	71	72	—
三 波 長 形	FLR 40 S・EX・N/M	40	3,450	86	88	—
高 周 波 形	FHF 32・EX	32	3,200	100	88	12,000
	FHF 50・EX	50	5,200	—		12,000
コンパクト形	FL 30 S・EX・N（一般形）	30	2,000	—	—	8,500
	FPL 27 EX・N（2 本管形）	27	1,800	81	84	7,500
	FDL 27 EX・N（4 本管形）	27	1,550	57	84	6,000
電　球　形	EFT 15 EL	15	810	54	84	6,000
一般形白熱電球	60 W 形	57	810	14	100	1,000
	100 W 形	95	1,520	14	100	1,000
ハロゲン白熱電球	100 W 形	85	1,680	20	100	1,500

高輝度放電（HID）ランプ

ランプ効率が高く、大出力という特徴から、広い場所の投光器には高輝度放電ランプ（HIDランプ、High Intensity Discharge Lamp）が用いられる。美的効果をねらうには光源色と演色性を考慮して対象物の質感や環境の雰囲気を表現する。高輝度放電ランプの主要な特徴を表15に示す。

水銀ランプ

放電ランプの発光に水銀ガスを用いる大容量の照明器具の光源として開発され、発光効率は白熱電球の三倍とよく、演色性を改善した大容量のものもある。一般水銀ランプは四〇ワット～二キロワットが多く、二〇キロワットも開発された。長寿命（一二〇〇〇時間）、高効率（五四ルーメン毎ワット）ではあるが点灯時間が長く（最大八分）発光色が青白く演色性はよくない。蛍光水銀ランプは外管に色ガラスか希土類蛍光体を塗布した高演色の乳白色蛍光水銀ランプである。効率は悪くなるが着色ガラスの高演色天然白色（デラックス）蛍光水銀ランプ、黄色外管でナトリウムランプをまねた色合いの黄色（ゴールド）蛍光水銀ランプなどもある。

高圧ナトリウムランプ

蛍光ランプと同じく低圧放電を利用したランプで、ナトリウムガスを加え、黄緑色のナトリウム輝線スペクトルを放射する。効率は最高であるが演色性はよくない。しかし、塵埃の多い工場、排

表15　高輝度放電ランプの特徴

大分類	種類		電力〔W〕	長所	特徴	用途	色彩効果
水銀ランプ	透明形		40～2,000	寿命が長い 特性が安定 光源小で大出力 安価	青白色の光色で，樹木や芝生の緑がさえて見える	庭園，公園，ゴルフ場，点光源に近く投光照明に好適	青緑色系対象物，郡葉や植物の照明 硬さ・涼感の表現
	蛍光体塗布形		40～2,000		蛍光体により赤色光を補っている	道路，アーケード，工場，高天井用	
	反射形		100～1,000		バルブの一部が反射面となっており，手軽に投光照明ができる	看板，建物，工場現場	
	チョークレス形（バラストレス形）		160～1,000		安定器不要，手軽に水銀ランプ照明が可能	展示会，仮設店舗	
メタルハライドランプ	連続スペクトル	透明形	125～400	高効率（水銀ランプの1.5倍） 高演色性	ハロゲン化すずからの連続スペクトル，高い演色性を有す。色が映える美しい照明が経済的に行える	銀行，ロビー，ホール，体育館	白色の強調 多色混在の対象物 清楚，高品格の表現
	線スペクトル	透明形	250～2,000		線スペクトルの組合せで白色光を得る。効率と演色性がともに必要な用途に好適	講堂，体育館，工場，競技場	
		蛍光体塗布形	250～1,000		蛍光水銀ランプの灯具で，同一の配光，まぶしさが少なく，柔らかい光が得られる		
高圧ナトリウムランプ	透明形		150～1,000	高効率（水銀ランプの2倍） 再始動時間が短い（約2分）	高効率で暖かみのある光色	道路，競技場，広場，作業場，体育館，工場	茶赤・黄系対象物 おもに建物の照明 柔・暖感の表現
	拡散形		150～1,000		外管に白色塗装し，柔らかい配光が得られる。蛍光水銀ランプの灯具に適合	道路，工場，	
	反射形		150～400		反射形バルブに組んだもの	作業現場，工場	
	演色性改善形			高効率（水銀ランプの1.7倍）	虫の集まりにくいゴールデンホワイト。演色味を抑えた暖かみのある白色光。平均演色評価数は R_a=60。演色性と効率を両立		

気ガスの多い自動車道路・トンネル、霧のかかる山岳地帯などで使用する。

メタルハライドランプ

水銀ランプの管内に金属ハロゲン化合物（メタルハライド）を添加し、発光効率・演色性を改善したランプである。陽光ランプは添加物としてよう化すずを用い、分光エネルギー分布は自然昼光に近似し、演色性がよく（平均演色評価数 $R_a=92$）、色温度五〇〇〇ケルビン、ちらつきは少ない。

高効率メタルハライドランプは、ヨウ化ナトリウム（黄色）、ヨウ化タリウム（緑色）、ヨウ化インジウム（青色）などを混入したランプである。

キセノンランプ

自然昼光に最も近似のスペクトル分布を持ち、水銀ランプの管内にタリウムの金属ガスを添加して、演色性・効率を大幅に改善したランプである。

ショートアーク形は一〇〇ワット〜数キロワットで、小形・高輝度なので、映写機用、光学実験用、印刷焼付用などに使用する。ロングアーク形は、二〇キロワットと大電力のものが多く、駅前広場・プールなどに用いる。

ＣＩＥの定めたランプの演色性と用途を表16に示す。

表16　ランプの演色性と用途（CIE 1986）

演色性グループ	平均演色評価数の範囲	用いられる場所		適合ランプ
		好ましい	許容できる	
1A	$R_a \geqq 90$	色比較・検査，臨床検査，美術館		・高演色形蛍光ランプ（演色AAA.AA） ・高演色形メタルハライドランプ
1B	$90 > R_a \geqq 80$	住宅，ホテル，レストラン，店舗，オフィス，学校，病院		・三波長形蛍光ランプ
		印刷，塗料，繊維および精密作業の工場		・高演色形メタルハライドランプ
2	$80 > R_a \geqq 60$	一般的作業の工場	オフィス，学校	・一般形蛍光ランプ ・高効率形メタルハライドランプ ・演色改善形高圧ナトリウムランプ
3	$60 > R_a \geqq 40$	粗い作業の工場，トンネル，道路	一般的作業の工場	・蛍光水銀ランプ
4	$40 > R_a \geqq 20$	トンネル，道路	演色性がそれほど重要でない作業の工場	・高圧ナトリウムランプ

ネオンランプ

ガラス管の中にネオンガスを主体とする不活性ガスを数〜十数 mmHg（水銀柱ミリメートル）の圧力で封入した冷陰極放電管である。グロー発光色は赤橙色である。ガスをヘリウムにすると黄色、水銀にすると青色となる。標本の光源として用いる。

ELランプ

硫化亜鉛系の特殊な蛍光体を誘電体に混合成形し、エレクトロルミネセンスを用いる光源である。交流一〇〇ボルト、五〇ヘルツで約一〇ルーメン毎平方メートルの明るさ、低輝度、低効率（五ルーメン毎ワット以下）である。しかし、薄く（〇・五〜一〇ミリメートル）、形状が自由に製作でき、機械的に強く、フレキシブルな形状にもでき、電力消費が少なく、発熱がなく、面光源ともなる特長を持っている。交通機関の計器盤、表示灯、保安用標示板、装飾用光源として用いる。

発光ダイオード（LED）

半導体に順方向の電流を流すと光エネルギーを発生する。赤外発光ダイオード、緑色ダイオード、青色ダイオード、白色ダイオードなど種類が多くなってきており、三原色を組み合わせた演色照明が可能となった。超小形、高効率、高速動作などの特長を生かし、文字・画像の表示素子、カードリーダの読み取りに用いる。

レ　ー　ザ

レーザ特有の単色光の光源で、固体レーザ・半導体レーザなどは、色光源として用いる。ルビー、YAG、Ndガラスなどを用いる。演出照明用に重宝される。

無電極放電ランプ

寿命の長い照明用光源で、保守管理の観点から求められていた光源の一つといえる。構造は図19のように水銀蒸気と蛍光体の寿命によるだけなので寿命が約六〇〇〇〇時間と従来の約五倍になった。

点灯の仕組みは、外部のコイルに高周波電流（一三・五六メガヘルツ）を流すと、管内に磁界による磁力線が発生し、

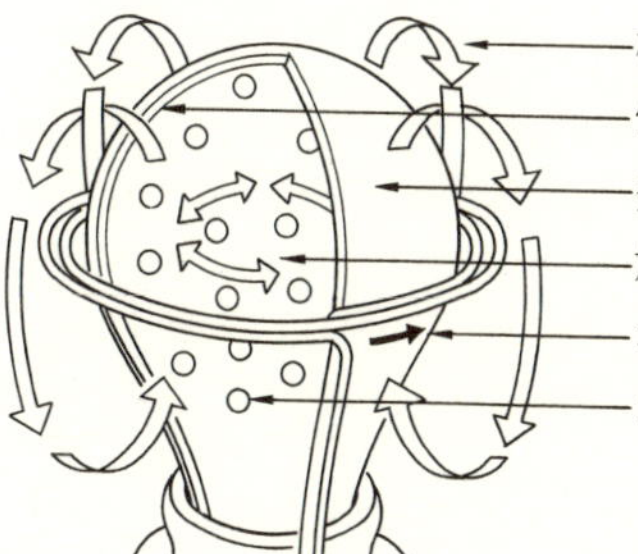

図19　無電極放電ランプの構造

水銀蒸気で放電励起し、管内壁で発光する。内部には電極やフィラメントなどを持たないため、従来の電球、蛍光灯、水銀灯のように長時間の点灯・点滅による消耗がなく、長寿命が実現された。電球色一〇〇ボルト、六四ワットでは四五五〇ルーメン、色温度三〇〇〇ケルビンの能力である。同じ明るさを得る水銀灯一〇〇ワットと比べると約五〇パーセントの高い効率である。

光源の選択

屋内照明

住宅は家具調度の一つと考え、白熱電球と蛍光ランプが主流である。小さい部屋や、組合せ照明器具に適している。装飾性にはクリプトン電球を使ってもよい。

事務所・学校などでは、発光効率のよい白色蛍光ランプに三波長形・コンパクト形が増加している。

工場・体育館では高天井用のメタルハライドランプ・高圧ナトリウムランプが水銀灯との混光照明用光源として使われている。

店舗照明には、コンパクト形がよく用いられ、ハロゲン電球・クリプトン電球とコンパクト形蛍光ランプ・高演色コンパクト形ＨＩＤランプを用いてスポットライト・ダウンライトの形式を組み合わせて効果をあげている。

屋外照明

屋外照明は、被照面が広く、立体的に照射する必要があるので、高輝度放電ランプで経済的によい水銀ランプ、演色性のよいメタルハライドランプ・キセノンランプ、暖かみのある高圧ナトリウムランプを用いる。

スポーツ照明

屋内では、フリッカのない光源を用いる。屋外では、メタルハライドランプと高圧ナトリウムランプで競技者の体の緊張を柔らげるのがよい。

道路照明

蛍光高圧水銀ランプを用いることが多いが、信号のない所やトンネル・山岳地帯では高圧ナトリウムランプがよい。高圧ナトリウムランプは波長の長い放射光が多いので、排気ガスや霧の発生の多い所では遠くまで光が届き、安全性が高くなる。

照明器具

光のデザインを生かす照明器具

使いたい光源が決まったら、環境に合わせた光のデザインを行うための器具に納めて照明器具を完成する。これによって、目的にあった照明方式、配光特性の選択が光の表現力を引き出せることになる。また、光の制御には点灯・調光器具もデザインされることになる。ときには、タイムスイッチや光センサを使ったコンピュータ自動制御による計画も加える。

照明器具には電気エネルギーを通すため、天井・壁・柱・床などに固定して使用するが、生活が多様化した住宅、商店、美術館などでは、天井を移動するレール式、上下に移動するバネ式などの照度可変可能な多目的照明器具も市販されている。

美術館、商店などでは、照明器具も取り替えられる構造である。住宅の食堂や多人数の居間では昇降式ペンダントや固定・可変分離可能なセパレート形もあるので用いるとよい。

白熱電球器具

点光源が一般的なので装飾的デザインのきれいな器具が多い。直付け形、埋込形、つり下げ形、ブラケット形、コーニス形、スタンド形、シャンデリア形、コーブ形など取付方法によって分類される。反射形投光電球用器具、投光電球用器具、装飾用電球器具など特殊な光源用の器具もある。

蛍光ランプ器具

輝度が小さく、拡散光であり、面光源を作りやすく、効率のよい光源なので、白色の反射板・グローブのみで器具を製作する単純なものが多い。カバーやルーバは器具内の通風冷却や配光制御に役立てる。保守・管理を容易にするため、管球・点灯管の取替えができる構造とすることがよい。

カバー内の汚れが気になる時には、密閉形・防爆形など規格に適合した種類を選ぶことにしたい。蛍光ランプの使用温度は五〜三五℃である。それより低い周囲温度で使用する場合には低温用蛍光ランプを使用したり、始動補助用熱源を内蔵したりして対応する。

蛍光ランプに必要な点灯管

家庭用ランプとして主役をつとめる蛍光ランプを点灯するには、点灯管を付けて点灯する。最近は形状が複雑となってきたので、組合せを考えて準備する必要がある。直管形、環状形、電球形の蛍光ランプそれぞれに共通に使用できるが、表示は、蛍光ランプ用グロースタータの表す〝FG〟のあと、適合するランプの大きさを示す数字一（一五ワット、二〇ワット、三〇ワット）、四（四〇ワット）、五（三二ワット）、七（四ワット、六ワット、八ワット、一〇ワット）を付け、最後に口金の記号E（E一七／二〇）、P（P二一）を付ける。

高輝度放電ランプ器具

景観照明用器具

公園、庭園、広場、ターミナル、駐車場、スポーツ競技場、プールなどに用いる器具で、配光曲線と被照面の照度分布を考えて、器具の形態を選択する。一般に、ハイポール照明方式（一五～二五メートル）、一般ポール照明方式（四～一二メートル）低ポール照明方式（一～四メートル）、低位置・地中埋込照明方式（一メートル以下）の四種類になる。

道路照明用器具

道路の明るさについては、人の視野に入ってくる輝度値（カンデラ毎平方メートル）で定められている。照度と輝度の比は、アスファルト路面では一五〔lx/(cd/m²)〕、コンクリート路面で一〇〔lx/(cd/m²)〕である。

歩道照明器具

歩道照明の目的は、歩行者が安全に歩けるための路面照度と歩行者の顔の鉛直面照度（地上一・五メートル）が視認に適するように定める。

防災用照明器具

最近、火災その他の安全性向上のため各種法規が制定された。建築基準法・消防法・労働安全衛生法などがあり、主として、避難口誘導灯・通路誘導灯・階段誘導灯・表示灯・出退表示器などが使用される。

水辺に使用する照明器具

水の動きのある演出では、噴水と音楽に合わせた照明計画を行う場合、防水形と着色ガラス装着で効果が得られる。

樹木や植込みの照明器具

照明器具を景観の中に入れない場合と入れて観賞する場合がある。入れないで観賞する場合は、観賞場所の対象物からは、ある程度離して照明器具を設置するのが好ましいが、樹木を背にするか地表面での埋込形を用いる。

配光の表し方

照明のための光源、照明器具から出る光（光度）の空間的分布を配光と呼び、等しい光度を結んだ曲線が配光曲線で、照度計算に必要な特性である。

表現方法には、直角配座標法、鉛直配光曲線法、等光度図法（長方形等光度図、円等光度図、正弦等光度図）とがある。現在は、鉛直配光曲線法が用いられている。白熱電球のように水平面でシンメトリックな場合には曲線は一本であるが、直管形蛍光ランプ器具の場合は、管方向と管に直角方向、四十五度方向の三本でそれぞれの方向を示している。その他の方向の光度は、三つの曲線から比例配分で求めて使用する。

グローブ入り白熱電球の配光例を図20に示す。グローブとは、ランプを保護またはランプ光を拡散させる

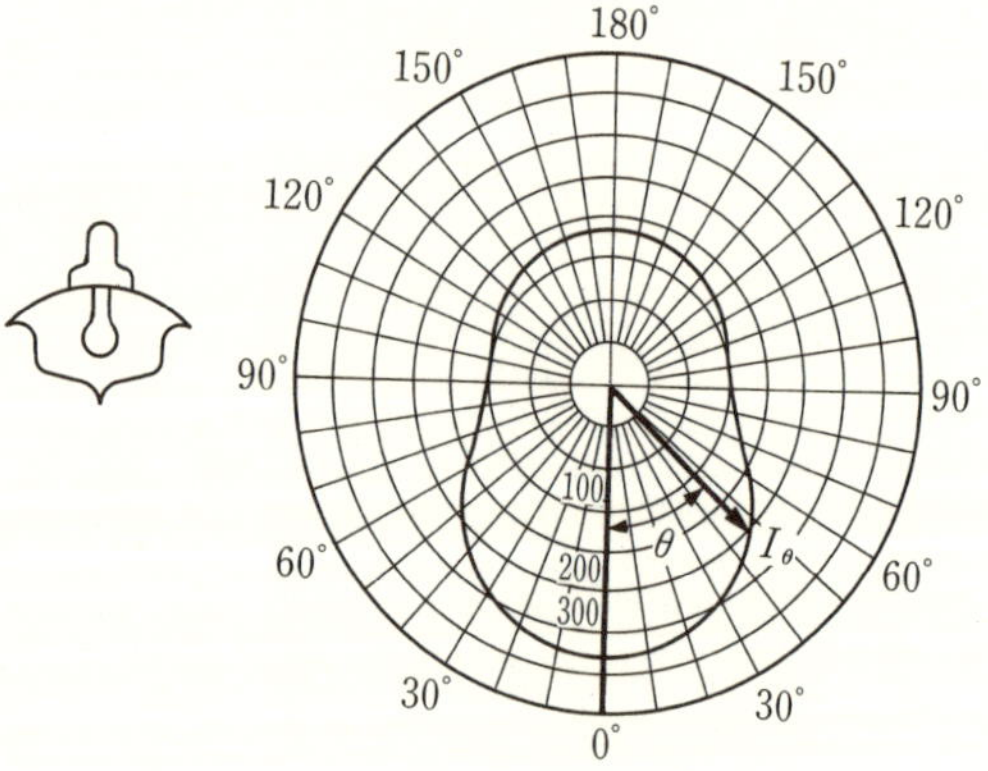

図20　グローブ入り白熱電球の配光例

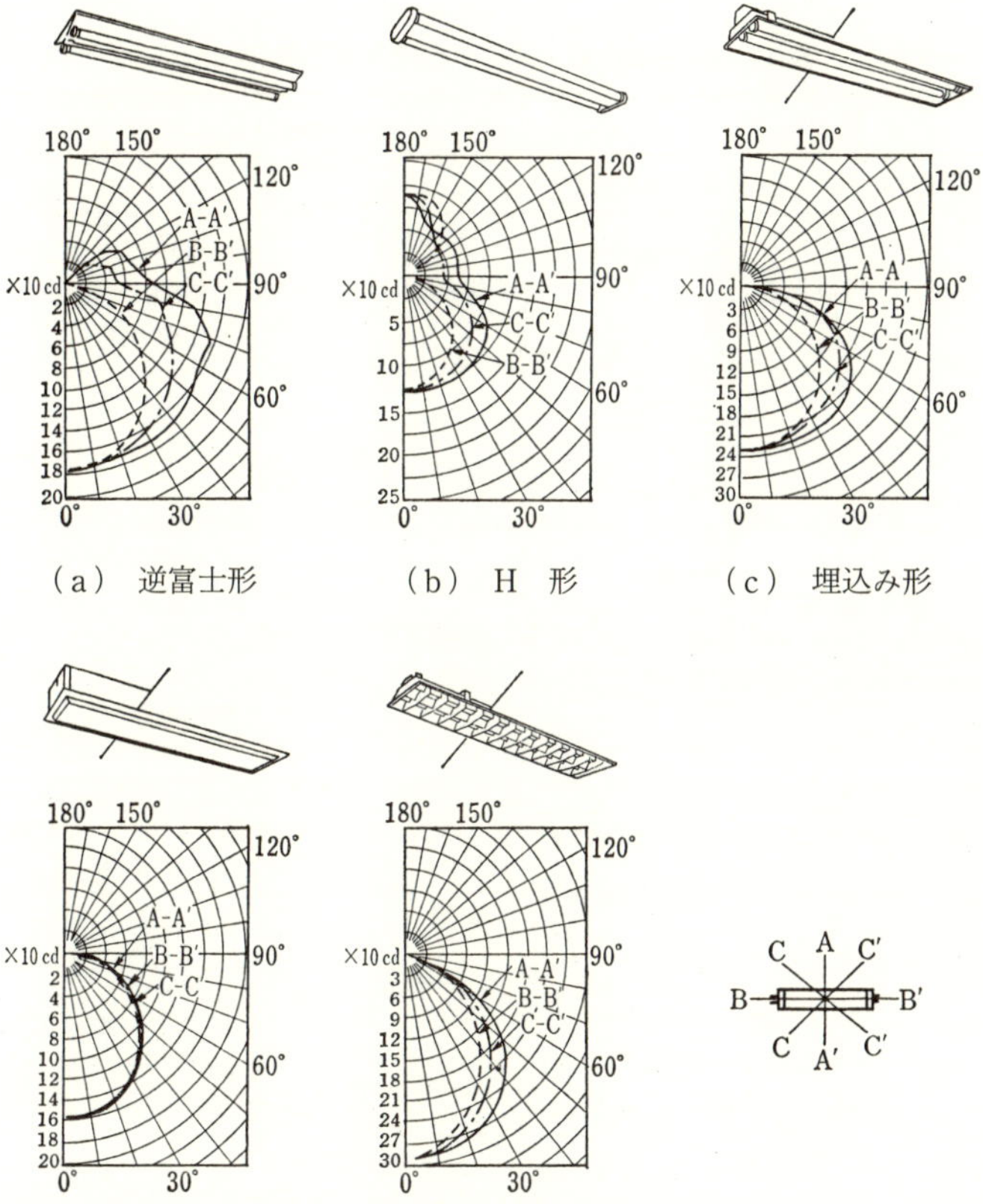

（a）　逆富士形　（b）　H　形　（c）　埋込み形

（d）　埋込みカバー形　（e）　グレアカット形

使用ランプの全光束を 1,000 lm とする。

図 21　屋内一般用蛍光ランプ照明器具の例と配光曲線

表 17　高輝度放電ランプの配光分類と適合場所

形　　式			1/2 照度角	器具効率〔%〕	適　合　場　所
JIS 記号	名　　称	配光の分類			
1　形	特狭照形	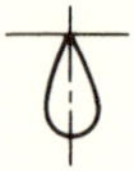	14° 未満	70 以上	天井高＞15 m 反射面内蔵形と外部形がある
2　形	狭 照 形		14° 以上 19° 未満	70 以上	天井高＞10 m (灯間隔)＝(取付け高さ)×0.7
3　形	中 照 形	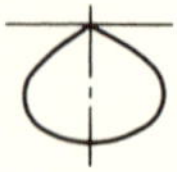	19° 以上 27° 未満	70 以上	天井高さ 6〜9 m (灯間隔)＞(取付け高さ)×2
4　形	広 照 形		27° 以上 37° 未満	60〜 75 以上	天井高さ＜5 m (灯間隔)＝(取付け高さ)×1.5 ルーバによりまぶしさを防ぐ
5　形	角 照 形	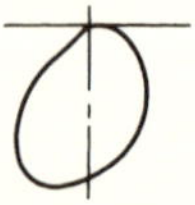	37° 以上	70 以上	天井高さ＞ 6 m (灯間隔)＝(取付け高さ) 狭照形，中照形の鉛直面照度の不足を補うために用いる

〔注〕 1/2 照度角とは，直下照度 E_0 の 1/2 の照度 $E_0/2$ になる点と光源中心を結んだ線と，光源中心と直下を結んだ線（鉛直方向線）とのなす角度（θ）をいう

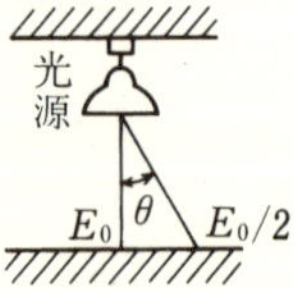

ために、拡散透過性の材料で作ったランプを覆う装置である。また、屋内一般用蛍光ランプ照明器具の例と配光曲線を図21に示す。

また、高輝度放電ランプでは、標準として五分類された配光分類と適合場所として示された表17のものが製造されている。

照明器具の組合せ計画例

住宅の計画例

住まいは家族という集りで生活を持っている。家族一人一人の生活時間帯と全員が一同に会しての過ごし方の両方が大事であり、生活活動に支障をきたさない快適環境を照明で創成される計画を立てる。

住宅は家族構成によって使用目的が定まっており、理論的な計画ができる。一日の行事、四季折々の演出、特別な催物の時の設定など、楽しい取合せができる。家全体の点滅・調光制御システムの管理は自由に行うことが可能である。

ときには、間取りの立案時や、内装材を決めるデザインの時などに、照明器具を先に決定するか同時に決定するのがよい。照明デザインがよくできるかどうかによって住まいの機能性が発揮できる。

和室の広さと照明器具の容量の目安を表18に、また、住宅の中の場所別の照明計画と電灯数を表19に示す。

住宅用の光源としては、白熱電球（一般用シリカ電球・ボール電球・小形ハロゲン電球）が主体を占める。取付方法が簡単なことから、多種多様なデザイン照明器具が選べる。

これに比べて効率が二倍とよくなる蛍光ランプでは直管形・環状形・電球形・コンパクト形など構造の異なるものが市販されている。

部屋全体の全般照明では、シーリングライト、ペンダント、ダウンライト、シャンデリア、建築化照明などを用いる。局部照明には、明視照明として、卓上スタンド・フロアスタンド・ペンダント・スポットライト・ブラケット・アームライトなどを用いる。また、アクセント用には、スポットスタンド・フットライト・光窓照明などがある。

表18 和室の広さと照明器具の容量の目安（単位：〔W〕）
（平均照度 200 lx の場合）

和室の広さ〔畳〕	白熱電球器具		蛍光ランプ器具	
	笠　形	グローブ形	反射笠形	グローブ形
3	60	100	40×1	20×4
4.5	100	150	40×2	30×4
6	150	200	40×3	40×4
8	200	150×2	40×4	40×5
10	200	200×2	40×6	40×6

表 19　住宅の中の場所別の照明計画と電灯数

	場　所	照明計画	電灯の数	
			全般照明	局部照明
1.	アプローチ	防水形，人感知センサ	1	1（表札など）
2.	玄　関	防雨形，多灯式，屋内遠隔制御式	2	2（飾りコーナー，足元灯など）
3.	ロビー	良演色性	2	2（飾りコーナーなど）
4.	応　接	良演色性，雰囲気方式，多灯式	2	3（多目的）
5.	居　間	良演色性，演出照明方式，調光式，多灯式	3	3（多目的）
6.	茶の間	良演色性，多灯式	2	2（多目的）
7.	食　堂	良演色性，組合せ照明方式	1	2（多目的）
8.	台　所	良演色性，殺菌灯	2	3（調理台，配膳，流し台など）
9.	家事室	良演色性	1	2（ミシンなど）
10.	勝手口	防滴形	1	1（置台など）
11.	洗面所	良演色性，多灯式	2	1（棚など）
12.	浴　室	防湿形	2	1（鏡など）
13.	便　所	瞬時点灯式	1	1（棚など）
14.	書　斎	明視照明方式	1	3（机，パソコン，棚など）
15.	子供室	明視照明方式，調光式	2	3（机，パソコン，棚など）
16.	老人室	常夜灯，リモコン方式，調光式	2	2（常夜灯，裁縫など）
17.	寝　室	調光式，演出照明方式，リモコン方式，フロアライト	2	4（サイドテーブル，枕元など）
18.	ベランダ	自動点滅方式	2	1（足元灯など）
19.	庭	自動点滅方式，景観照明方式	1	2（植木灯，池灯など）
20.	車　庫	防滴形，人感知センサ	2	2（足元灯，コンセント灯など）

可変式セパレートペンダント照明器具の使用例を図22に示す。

台所の流し元灯や洗面台のミラーライトや浴室での照明光は手暗がりや影ができない計画を立てる。

子供部屋の遠隔点滅や階段灯の三路スイッチは便利な方法である。

照明器具の選択が終わると，建築平面図に点滅スイッチを配置して平面配線図を描く。住宅照明器具の配線図の例を図23に，照明器具の一覧表の例を表20に描く。

事務所の計画例

一般事務所の照明は作業能率の向上と働きやすい環境を演出するのを基本とする。全般照明に局部照明を加えることで目的別照明の明るさと質を補う方法をとる。柔らかな面光源の蛍光ランプ器具が主体で，装飾性の白熱電球器具を局部的に追加する。

点滅・制御には昼光を利用したプサリ照明，執務時間に合わせた点灯パターン，場所区域のスケジュール制御をコンピュータシステムで実施すると経済的に有利になる。

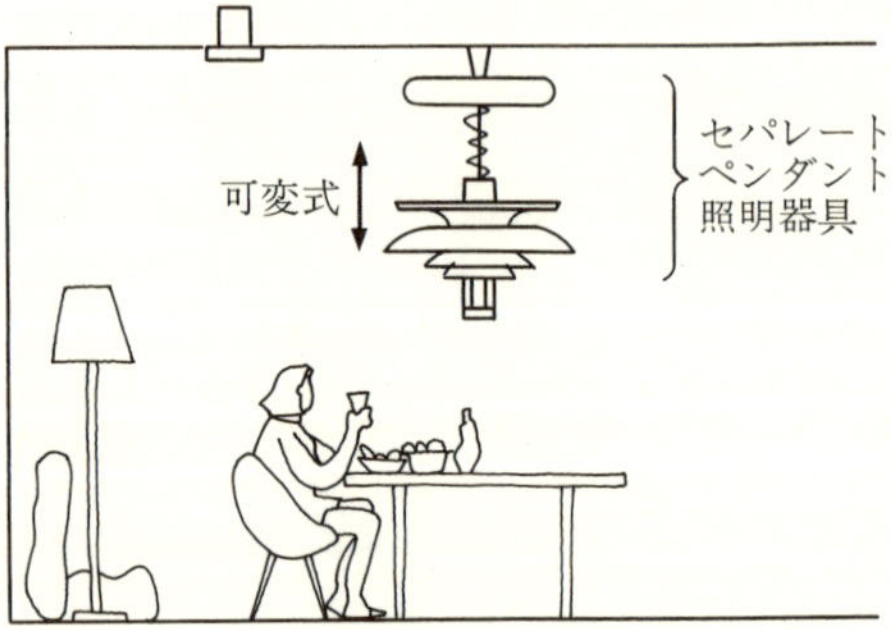

図22　可変式セパレートペンダント照明器具の使用例

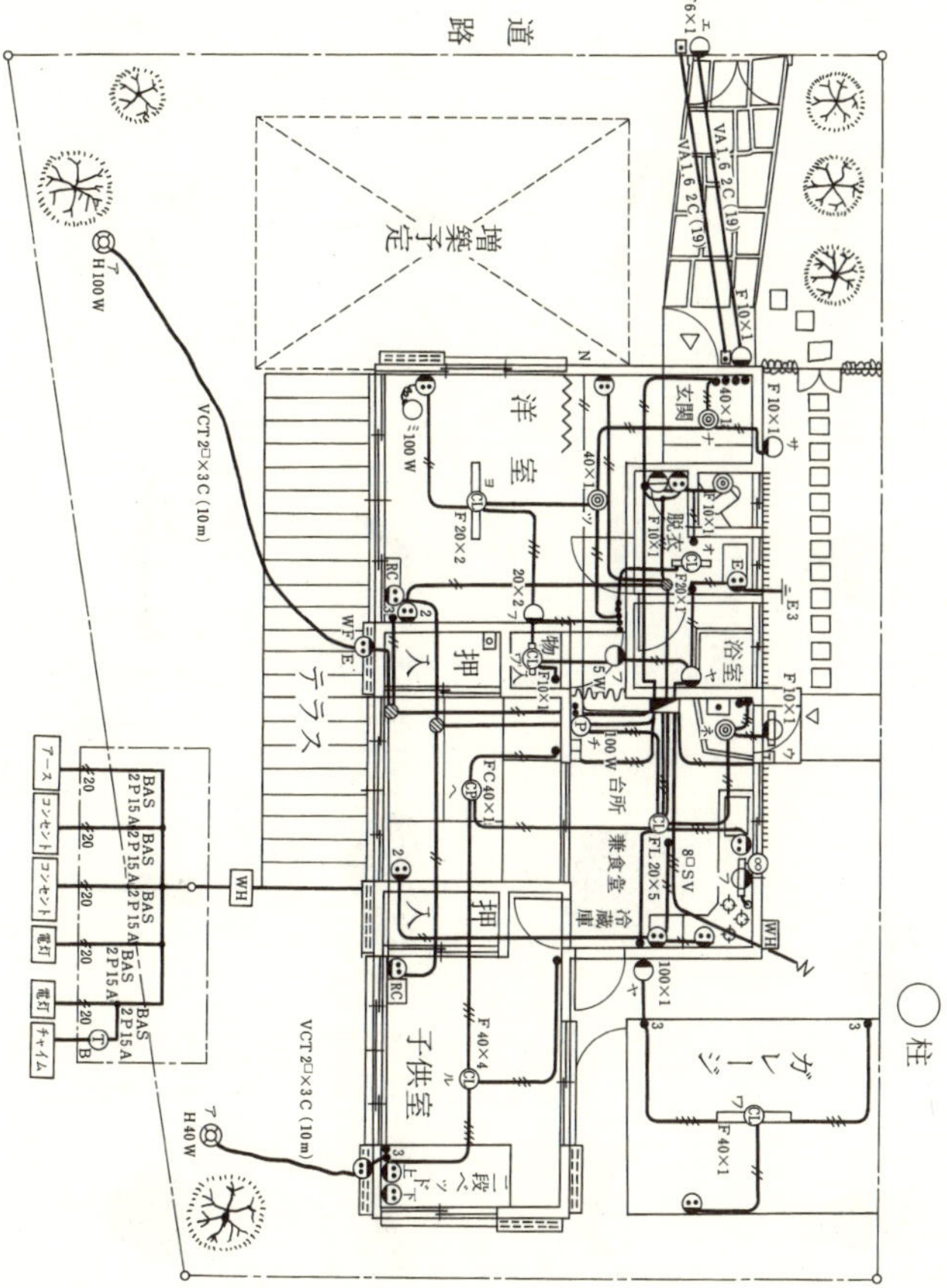

図 23　住宅照明器具の配線図

表 20　照明器具一覧（単位：〔W〕）

(a)　コードペンダント⊖				
ホームペンダント  蛍 30 W 蛍 40 W 蛍 60 W 蛍 70 W	ホームペンダント （木製和風）  蛍 30 W 蛍 40 W 蛍 60 W 蛍 70 W	ホームペンダント （直管形）  蛍 20 W 蛍 30 W 蛍 40 W 蛍 60 W	白熱灯コード ペンダント  白 20 W ～ 白 60 W	メタリック ペンダント  白 20 W ～ 白 60 W
(b)　チェーンペンダント(CP)，パイプペンダントⓅ			(c)　シーリングライトⓐまたは直付け(1)	
チェーン(パイプ) ペンダント  蛍 40 W	白熱パイプ ペンダント  白 20 W ～ 白 60 W	白熱パイプペンダント （照射方向自在形）  白 100 W 白 150 W	食宅号  蛍 40 W 蛍 60 W 蛍 80 W 蛍 100 W	住宅号 （丸形蛍光灯用）  蛍 20 W 蛍 30 W 蛍 70 W
直付け(2)				(d)　埋込み器具(1)
直付け天井灯  蛍 40 W 蛍 80 W 蛍 160 W	蛍光灯直付け （富士形）  蛍 20 W 蛍 40 W 蛍 80 W	蛍光灯直付け （ホルダ）  蛍 10 W 蛍 20 W 蛍 30 W 蛍 40 W	白熱灯直付け  白 20 W ～ 白 60 W	埋込み器具 （パネル付）  蛍 20 W 蛍 30 W 蛍 40 W 蛍 70 W 蛍 80 W
埋込み器具◎　(2)				
埋込み器具 （下面開放）  蛍 20 W 蛍 40 W 蛍 80 W	単独ルミナス〔mm〕  303×606 333×1,212 606×606 606×1,212 909×909	白熱灯ダウンライト  白 20 W ～ 白 60 W	白熱灯ダウンライト （照射方向自由形） 	スポットダウン ライト  白 40 W 白 60 W

表 20 （つづき）

埋込み器具(3)		(e) 壁 灯（ブラケット）(1)		
水銀灯ダウンライト  白 40 W	室内常夜灯  白 5 W	蛍光灯ウォールライト（丸形）  蛍 20 W 蛍 30 W	蛍光灯 ウォールライト  蛍 6 W 蛍 10 W 蛍 15 W 蛍 20 W 蛍 40 W	防湿形蛍光灯 ウォールライト  蛍 10 W 蛍 15 W 蛍 20 W
壁 灯 ◐（ブラケット Ⓑ） (2)			(f) 壁 灯 ◐ (1)	
白熱灯ブラケット  白 20 W 〜 白 60 W	防湿形白熱灯 ブラケット  白 20 W 〜 白 60 W	リフレクタ器具（シルバホウル電球用）  白 100 W	蛍光灯ミラーライト  蛍 10 W	蛍光灯流し元灯  蛍 10 W 蛍 15 W 蛍 20 W
壁 灯(2)	(g) 屋 外 灯			
両面灯  白 20 W 〜 白 60 W	表札灯  蛍 6 W	門柱灯 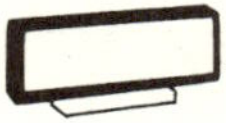 蛍 10 W 蛍 40 W	庭園灯  蛍 40 W 蛍 100 W	屋外レフ  白 100 W 〜 白 500 W
(h) そ の 他				
ショウケース用  蛍 10 W 蛍 20 W 蛍 30 W 蛍 40 W	カウンタ ショウケース用  蛍 40 W	フラッシャ（小形点滅器）  2 A 形 3 A 形	ボーライト 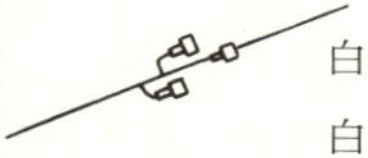 白 100 W 〜 白 300 W	

蛍…蛍光ランプ
白…白熱灯
水…水銀灯

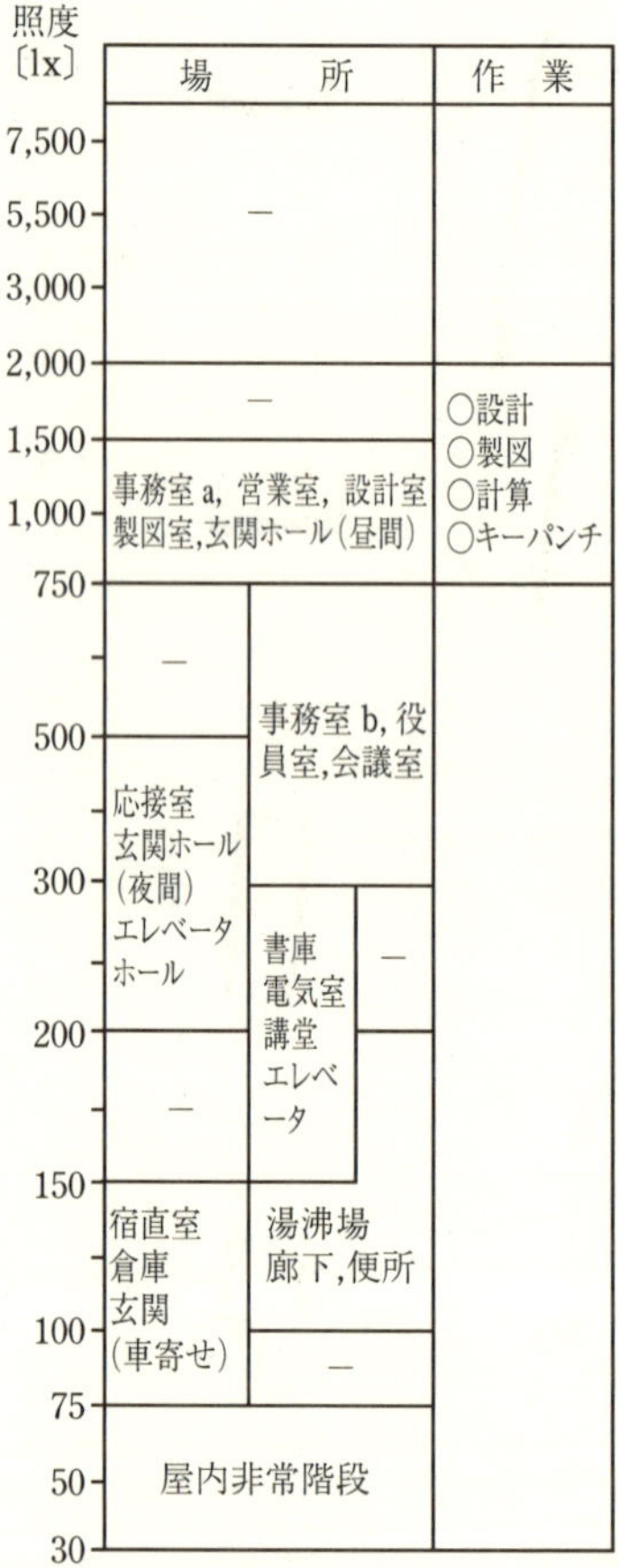

〔注〕○印は,局部照明を併用することによって,
この照度を得てもよい
事務室aは,細かい視作業を行う場および昼光の影響により窓外が明るく,室内が暗く感じる場合
事務室bは,事務室aに相当しない場合

図24　事務所の照度基準（JIS Z 9110-1979）

事務所のＪＩＳ照度基準を図24に示す。

工場の計画例

工場照明は、作業が安全に行えて、傷害が発生しないで、肉体的・精神的ストレスがかからなくて、生産性が低下しない快適な照明環境を作る計画を主体とする。

全般照明は、特殊な場所では耐震性の防爆形を使ったり、検査用高演色光源、透過性のよい高圧ナトリウムランプを用いる。回転する旋盤や動きのある職場では、フリッカレス形安定器を用いるか白熱電球と混光する。

ＪＩＳ照度基準による工場の照度を表21に示す。

レストラン・食堂の計画例

食物を照明するには、和洋を問わず、質感を重んじ、おいしく見せる演出照明となる。店の内外は、個性ある特色を持たせる照明手法を行い、屋内にあっては家具・調度品に照明光を向けることも客の雰囲気作りに大切である。絵画やタペストリのほかに、照明器具そのものもデザインされた調度品の一部のように見せる。全般照明は柔らかみのある照明光を用いる。局部照明は演色性を配慮して多灯方式が成功の鍵となる。調光装置は必ず客層や年齢層を対象として設備する。

美術館・博物館の計画例

美術館・博物館の照明計画では、文化財保護の立場から、低照度で鑑賞するように陳列されている。しかし、作者が製作した環境の照明条件に合わないと色の組合せが正しく視認できず、その芸術性のよさがわからない。私の研究では、照度が四〇〇ルクスでようやく、赤系、黄系、青系の油絵具の色が同等に視認できる結果が出た。したがって、白熱電球で屋根裏部屋で描いた油絵はその

表 21　JIS 照度基準による工場の照度（JIS Z 9110-1979（付表 2））

照　度〔lx〕	場　　所	作　　業
	—	—
3,000 2,000 1,500	○制御室などの計器盤及び制御盤	精密機械，電子部品の製造，印刷工場での極めて細かい視作業，例えば， ○組立 a，○検査 a，○試験 a，○選別 a，○設計，○製図
1,000 750	設計室，製図室	繊維工場での選別，検査，印刷工場での植字，校正，化学工場での分析など細かい視作業，例えば， ○組立 b，○検査 b，○試験 b，○選別 b
500 300	制御室	一般の製造工程などでの普通の視作業，例えば， ○組立 c，○検査 c，○試験 c，○選別 c，○包装 a， ○倉庫内の事務
200 150	電気室，空調機械室	粗な視作業，例えば， ○限定された作業，○包装 b，○荷造 a，
100 75	出入口，廊下，通路，階段，洗面所，便所，作業を伴う倉庫	ごく粗な視作業，例えば， ○限定された作業，○包装 c，○荷造 b，c
50 30	屋内非常階段，倉庫，屋外動力設備	○荷積み，荷降ろし，荷の移動などの作業
20 10	屋外（通路，構内警備用）	

備考　1．同種作業名について見る対象物及び作業の性質に応じつぎの三つに分ける

（1）付表中の a は細かいもの，暗色のもの，対比の弱いもの，特に高価なもの，衛生に関係ある場合，精度の高いことを要求される場合，作業時間の長い場合などを表す

（2）付表中の b は（1）と（3）の中間のものと表す

（3）付表中の c は粗いもの，明色のもの，対比の強いもの，がんじょうなもの，さほど高価でないものを表す

2．危険作業のときは，2 倍の照度とする

照明条件で、夏の昼間に屋外で描いた油絵はその明るさに近い照明条件で、鑑賞させるようにしたい。最近は天窓からの昼光の取り込みや、混光照明で演色性を改善したり照明器具を組み合わせることになったのは鑑賞者にとってはありがたいことである。

柔らかい面光源としては電球色の演色性を持った美術館・博物館用蛍光ランプ、三波長形蛍光ランプが市販されている。

また、熱をきらう対象物の場合には、熱線カット形ハロゲンランプ（主として、スポットライト）を用いることが多い。特に慎重に対処したいのは、ガラス入りの絵画や表面反射のきびしい造形物を対象とする照明である。美術館・博物館用蛍光ランプの例を表22に、美術館・博物館のJIS推奨照度基準を図25に示す。

表22　美術館・博物館用蛍光ランプの例

形　　式	光　源　色	色濃度〔K〕	平均演色評価数 R_a
FLR 40 S-L-EDL-NU/M	電球色（演色 AAA）	3,000	95
FLR 40 S-L-EDL-NU/M-A（調光用）	電球色（演色 AAA）	3,000	95
FLR 40 S-W-EDL-50 K-NU	色評価用純生色（演色 AAA）	5,000	99
FLR 40 S-W-DL-X-NU	演色改善形（演色 AA）	5,000	92
FLR 40 S-W　※	白色（W）	4,200	63

〔注〕　※参考値用蛍光放電ランプ

照度〔lx〕	美術館・博物館
1,500 – 1,000 – 750	○彫刻（石，金属） ○造形物 ○模　型
750 – 500 – 300	○彫刻（プラスタ，木，紙） ○洋画，研究室，調査室，売店，入口ホール
300 – 200 – 150	○絵画（ガラスカバー付）○日本画，工芸品 ○一般陳列品，洗面所 ○便所，小会議室，教室
150 – 100 – 75	○はくせい品，標本， ○ギャラリー全般，食堂， ○喫茶室，廊下，階段
75 – 50 – 30	収納庫
30 – 20 – 10 – 5	映像，光利用の展示部
5 – 2	――――

〔注〕○印は局部照明を併用することによって，この照度を得てもよい

図 25　美術館・博物館の JIS 推奨照度基準（JIS Z 9110–1979）（付表 6）

店舗の計画例

店の内外の飾り付けと、店内の雰囲気、商品をアピールする明るい感じを持たせる。照明手段としては、基本照明、スポット照明、アクセント照明の三つを上手に組み合わせる。ときには特殊な間接照明も加える。

店舗の広い場合には、三つくらいの領域に分け、全体の明るさに差を付け、奥行き感と客の視線を引き付けるアピール度を照度・輝度・演色性で商品の特徴を示し、売り出し期間ごとに変更できる設備とする。

商店街にある店舗の場合、人の流れを考慮して、光に目を向ける客が店に入りやすいように、また、店の前に引き付けられるようショウウインドウは店より明るくし、陳列棚には全般照明に局部照明を加え、明るさは二倍以上、重点ディスプレイは三倍以上、重点商品は五倍以上とする。ショウウィンドウの照明例を図26に、平面的な店舗内の照度分布の例を図27に示す。

道路の計画例

道路を人が歩く時には、歩道・横断歩道での鉛直面照度が、他の歩行者と自動車を運転している人に視認される程度に必要となる。車どうしでは、グレアが生じないことと、車と車の間に歩行者

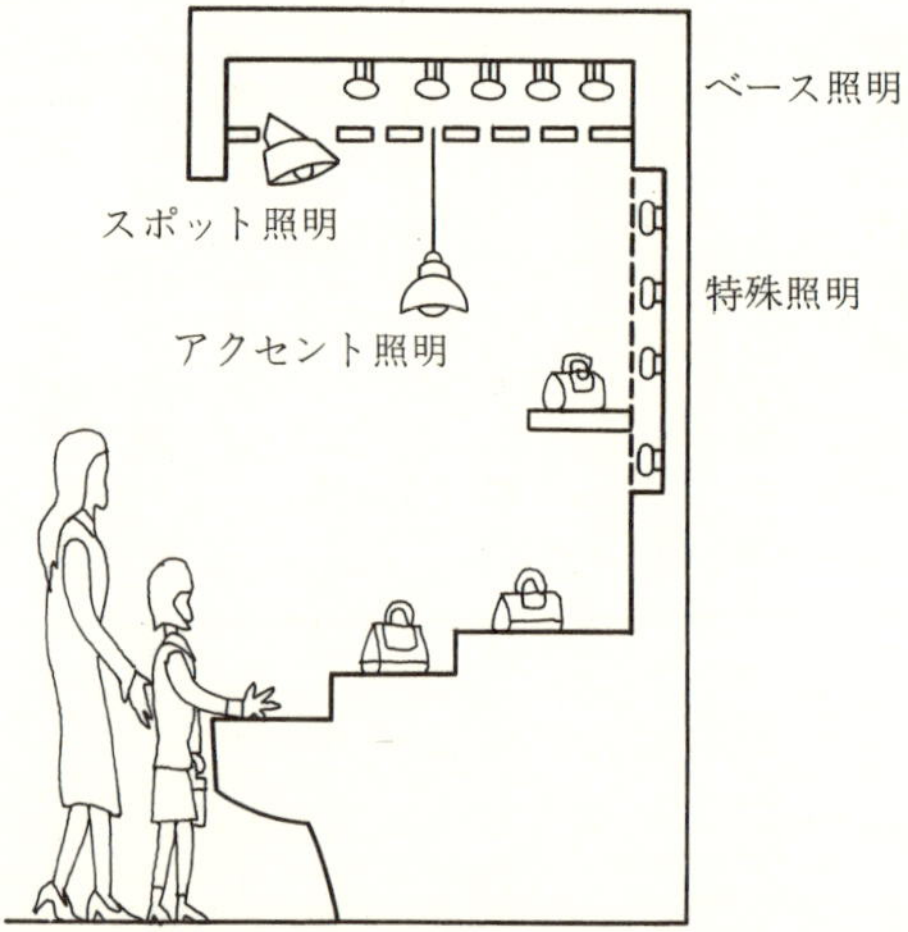

図 26　ショウウィンドウの照明例

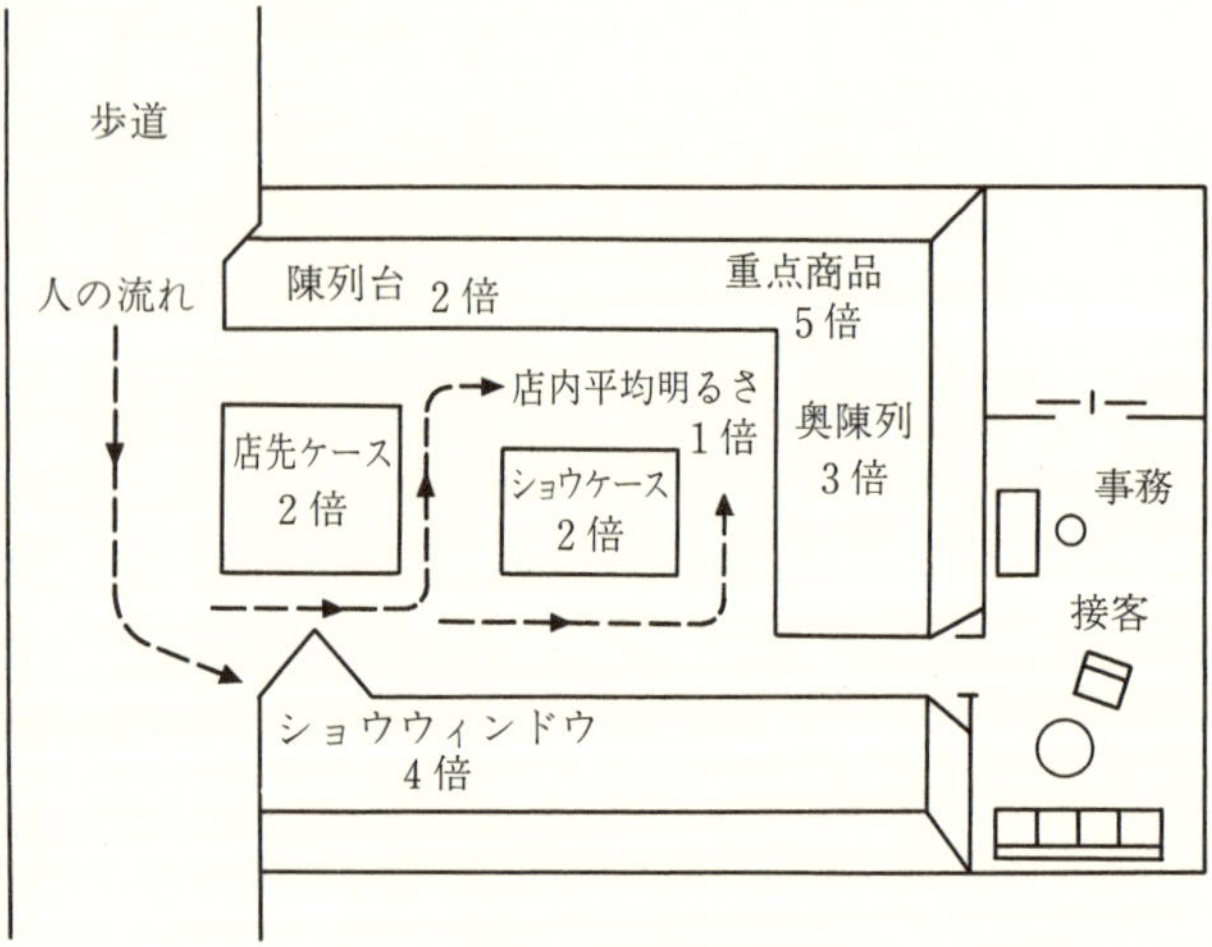

図 27　店舗内の照度分布例

表 23　道路照明器具の形式と配光制限（JIS C 8131-1999）

（a）　水平角が 90°

器具形式	各角度の光度〔cd/1,000 lm〕	
	鉛直角 90°	鉛直角 80°
カットオフ形	10 以下	30 以下
セミカットオフ形	30 以下	120 以下

（b）　水平角が 65°～95°の範囲

器具形式	各角度の光度〔cd/1,000 lm〕	
	鉛直角 65°	鉛直角 60°
カットオフ形	—	200 以上 (180 以上)
セミカットオフ形	190 以上 (170 以上)	—

〔注〕（　)内は低圧ナトリウムランプおよび蛍光ランプの場合

が入って、シルエット視とならない照明計画が必要である。曲線部や分かれ道などでは、高い位置に照明器具を置き、信号機のない所では高圧ナトリウムランプが適している。

道路照明器具には車道・歩道一体形や、交差点用の照明・信号機一体形がある。

トンネル部では、昼光に慣れた目がトンネル入口で暗くて見づらくならないような強い照度から低い照度まで、連続的に車の速度に合わせて低減し、出口では、暗い所から昼光までに目が慣れるまで徐々に明るくする照明設計を行う。

道路照明器具の形式と配光制限を表23に示す。

景観の計画例

景観照明は、国際交流、都市文化活動、健康上の視環境から普及啓蒙されている。計画は個性、歴史的風土にのっとり、季節や時間の変化、生活のリズムの変化を感じさせるものがよい。

対象施設を分類すると、建造物・シンボルタワー・橋梁・樹木・モニュメント・広場・公園・庭園・街路・イベントとなる。通路・広場・公園・駐車場の照度基準を表24に、景観照明に使うとよい光源と照明対象物の例を表25に示す。

人間は夜間屋外へ出ることが多くなった。夜のジョギングや散歩などである。勤務者・老人・家庭の主婦は夜間にペットの散歩をすることもある。

表 24　通路・広場・公園・駐車場の照度基準（JIS Z 9110-1979）

区　分	場　　所	推奨照度範囲〔lx〕
通　　路	アーケード商店街(繁華)	750～200
	アーケード商店街(一般)	300～100
	商店街(繁華)	100～30
	商店街(一般)	50～10
	市街地	30～5
	住宅地	10～1
交通関係広場	駅前広場 空港広場(交通量大)	75～10
	駅前広場(一般)	30～2
公　　園	主な場所	30～5
	その他の場所	10～1
駐　車　場	バスターミナル(交通量大)	150～75
	バスターミナル(交通量小)	75～30
	有料(大規模)	75～30
	有料(小規模)	30～10
	商業施設，レジャー施設， 公共施設などの附属施設	30～5

表 25　景観照明に使うとよい光源と照明対象物の例（(株)松下電工提供）

光源の種類		特徴	種別	効率	色温度〔K〕	平均演色評価数 R_a	効果的な照明対象物												おもな用途
							造形					植物				水			
							青銅	石材	木材	銅	レンガ	青竹	芝	樹木	花	滝	噴水	水中	
セラミックメタルハライドランプ		演色性がよい 配光制御がしやすい	白色	高い	4,300	90													広場，公園，ターミナル広場，緑地，商店街路，住宅街路など
			温白色		3,500	87	○	○	○	○		○	○	○	○	○			
			電球色		3,000	85													
無電極放電ランプ		長寿命	電球色	高い	3,000	80			○	○	○					○			広場，公園，ターミナル広場，緑地，商店街路，住宅街路など
水銀ランプ		安価 演色性が悪い(蛍光形で改善)	透明形	高い	5,800	14						○	○	○					広場，公園，ターミナル広場，緑地，商店街路，住宅街路など
			蛍光形		3,900	40													
メタルハライドランプ	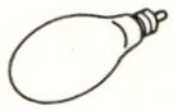	演色性がよい	蛍光形	水銀ランプより高い	4,300	70	○	○				○	○	○		○			広場，公園，ターミナル広場，緑地，商店街路など
高効率本位形高圧ナトリウムランプ	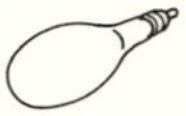	高効率 道路用に適する演色性が悪い(黄色)	拡散形	非常に高い	2,050	25			○	○	○								外周道路，駐車場など

表 25 （つづき）

光源の種類		特徴	種別	効率	色温度〔K〕	平均演色評価数 R_a	効果的な照明対象物 造形 青銅	石材	木材	銅	レンガ	植物 青竹	芝	樹木	花	水 滝	噴水	水中	おもな用途
演色本位形高圧ナトリウムランプ	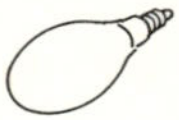	高効率 演色性がよい	拡散形	高い	2,500	85 (高演色形)		○	○	○	○			○	○				商店街路，看板など
バラストレス水銀ランプ		安価 演色性改善形	パナボール形ホワイト	低い	3,700	49													花だん，植込み，公園
メタルハライドランプ		高演色性 小形で経済性がよい	白色	高い	4,300	96 (シングルエンド100 W)	○	○	○	○		○	○	○	○	○			花だん，植込み，広場
			温白色		3,000	80													
白熱電球		演色性の基準である光制御がしやすい 安価	シリカ電球	低い	2,800 〜 3,200	100		○	○	○	○				○	○	○	○	花だん，植込み，庭園などの局部
蛍光ランプ	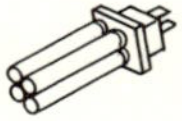	高効率 長寿命 演色性がよい	白色	高い	4,200	88		○				○	○						花だん，植込み，庭園などの局部
			パルック電球色	高い	3,000				○	○	○				○				
			パルック	高い	5,000				○			○	○						

最近は、〝桜の花見〟から〝紅葉〟まで家族で行事に参加することが多く、夜間照明に接する機会も多い。金沢の兼六園では、一年のうち六回くらいは夜間照明を行い、無料開放をしている。この場所は本来、柵などはなく、市民の憩いの場であった。

一方、体を鍛えるのにスポーツに興じる人達も増加し、夜間照明の付いた野球場・サッカー場・テニスコートなどがいつでも利用できるようになった。しかし、住宅や農地の近くに施設がある場合には、明るくて眠れない、植物（稲・草花・植木など）に光害としての影響が出る、虫が飛んでくるなどのトラブルが発生する。

また、星空を観測するためや照明電力の器具効率の向上を図るために漏れ光をできるだけ少なくすることがよいので、配光曲線の好ましい照明器具を定めている。照明器具の比較を表26に、国際照明委員会が定めた工夫の例を図28に示す。

表 26　配光曲線の上方光度を検討するための照明器具の比較
（(株)松下電工提供）

照明環境レベル	I	II	III	Ⅳ
上方光束比(百分率)	0	0 ～ 5	0 ～15	0 ～20
配　光　形　状	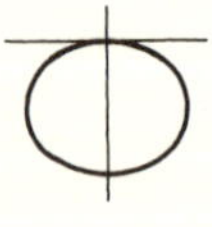	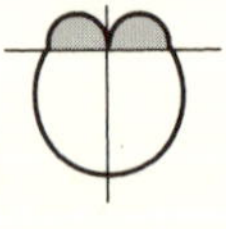	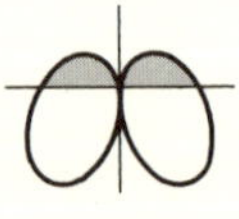	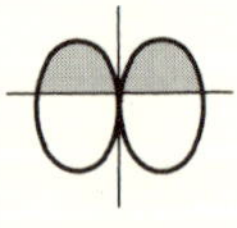
照明器具の例	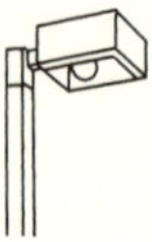	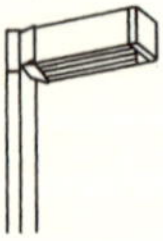		

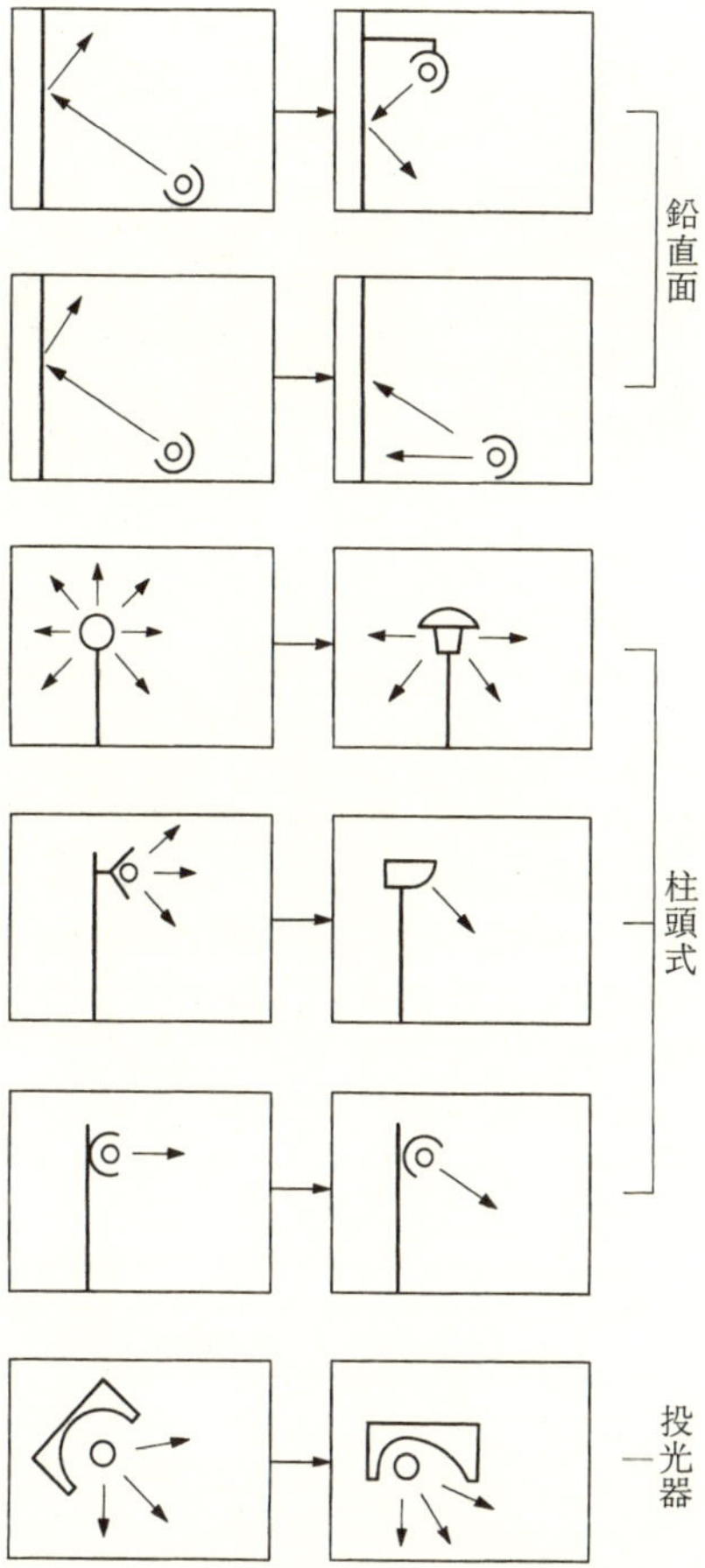

図28　国際照明委員会が定めた工夫の例（TC-4.21）〔照明学会編：景観照明の手引き，コロナ社(1995)より転載〕

人間の楽しみに旅行があり、旅先での楽しみの一つとして夜の観光がある。観光地は、宿泊者をとどめておくために、夜の見せ場を提供する必要があった。古くは外来者のための屋外照明に観光照明という言葉を使っていた。一九八〇年ごろ金沢について実情を調査したところ、観光一〇〇選のうち六六箇所は照明があり、観光照明と格付けできるのは十六箇所であった。建造物・庭園・記念館・商店・イベントがどのように表現されているかで、夜のそぞろ歩きの楽しみが変わってく

図 29　金沢城石川門の輝度値（単位：〔cd/m²〕）

図 30　金沢近代文学館の輝度値（単位：〔cd/m²〕）

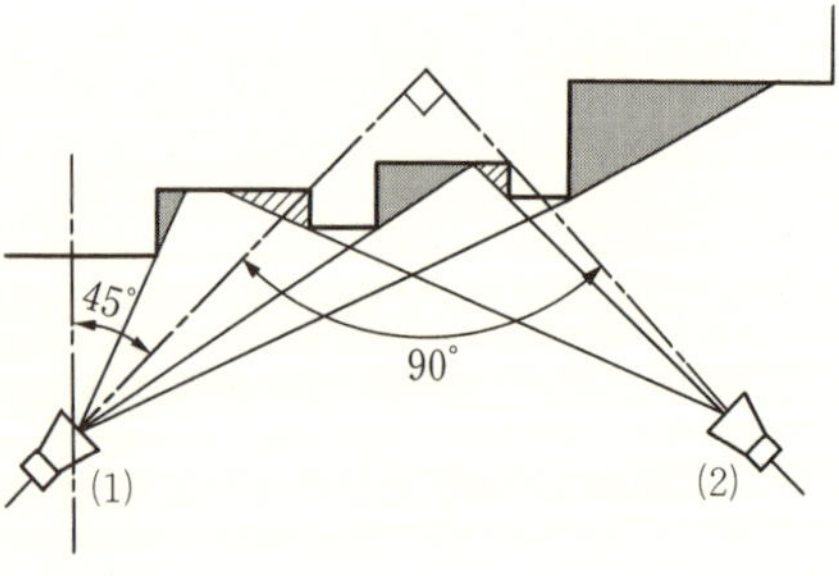

図 31　建造物照射の時の照明器具二台の位置

る。

照明光の環境への影響を考慮して光源・照明器具を選択する。その時には建造物の表面材や植栽のことを配慮することと観光客が視認する時の輝度レベルについて考慮して計画を立てる。金沢城石川門の輝度値を図29に金沢近代文学館の輝度値を図30に示す。

見せたい対象物を立体的に浮かびあがらせるには照明器具二台の場合には図31に示すように配置する。三台使用できれば上方からの照射を加えることでより立体的に表現できる。

団体客の場合には電車で来て、温泉旅館のバスに乗ることが多い。そのようなことを考えると、駅などのターミナル照明はカラフルな服装を目立たせる照明を、また駅前広場や商店などでは、引き立たせる照明を必要とする。その例を図32に示す。

観光の見せ場まで車で来るにしても、そぞろ歩きであっても案内がいきとどき、危険度の少ない外来者用の照明方式を施す必要がある。道路、街路・広場・公園、歩道用照明器具の例を図33、図34、図35に示す。道路条件による照度の基準とCIEの輝度勧告を表27、表28に示す。

また、工事完成後には、その観測結果を、計画時の計画案と比較し、評価することを行い、完成度と改善する必要があるかを検討し、将来の資料とする。景観照明の評価審査票の例と影響に関する調査票の例を表29、表30に示す。

景観照明で屋外を対象とする場合には日常の屋外活動、野生生物の生態、農作物の成長、天体観

（a） 駅前広場　（b） バスターミナル　（c） 道路　（d） 街路　（e） 公園

（1） ハイポール方式(15～25 m)　（2） 一般ポール方式(4～12 m)　（3） 低ポール方式(1～4 m)　（4） 低位置・地中埋込方式(1 m以下)

図 32　景観照明計画の例

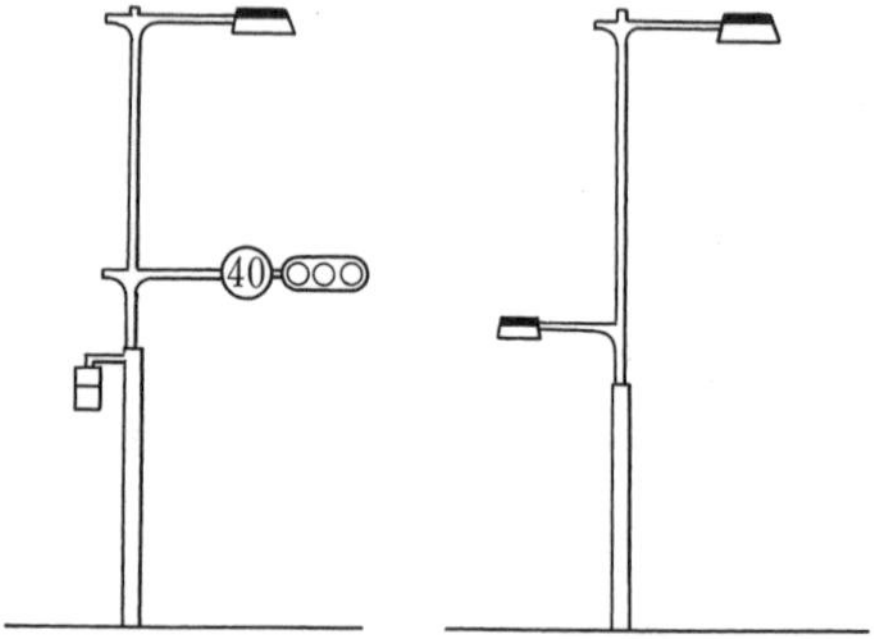

（a） 照明・信号機一体形　（b） 車道・歩道一体形

図 33　一般ポール方式道路照明器具の例

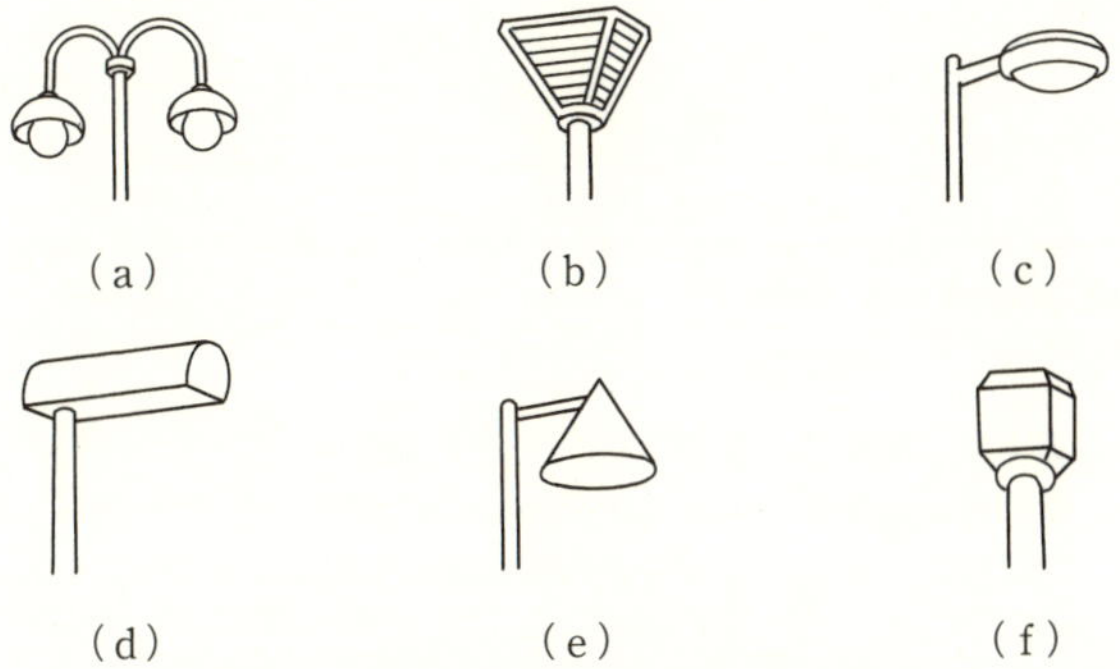

図 34　街路・広場・公園照明器具の例

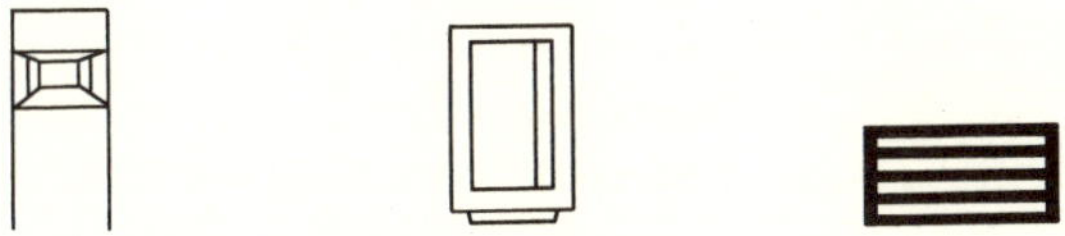

（a）　低ポール灯　　（b）　フットスタンド　　（c）　フットライト

図 35　歩道用照明器具の例

表 27　歩行者に対する道路照明の基準（JIS Z 9111-1988）

夜間の歩行者交通量	地域	照度〔lx〕	
		水平面平均照度	鉛直面最小照度（H＝1.5 m）
交通量の多い道路	住宅地域	5	1
	商業地域	20	4
交通量の少ない道路	住宅地域	3	0.5
	商業地域	10	2

〔注〕 ●水平面照度は，歩道の路面上の平均照度
●鉛直面照度は，歩道の中心線上で路面上より，1.5 m の高さの道路に対して直角な鉛直面の最小照度

表 28　CIE の道路照明の輝度勧告（単位：〔cd/m²〕）

照明の段階	すべての道路		交差点がほとんどない道路	歩道のある道路で歩道照明のない道路
	平均輝度	輝度均斉度	輝度均斉度	周辺照度比
交通量が多い高速道など	2.0	0.4	0.7	0.5
交通量が中程度の高速道など	1.5	0.4	0.7	0.5
交通量が少ない高速道など	1.0	0.4	0.5	0.5
分離されている住居地区など	0.75	0.4	—	—
分離されていない住居地区など	0.5	0.4	—	—

表 29　景観照明（ライトアップ）評価審査票の例〔照明学会編：景観照明の手引き，コロナ社(1995)より転載〕

審査基準		内容
ライトアップの表現	照明方式	対象物を引き立てる照明方式になっているかどうか
	明るさと影	対象物の被照面の明るさ（輝き）と陰影部が美しく調和しているかどうか
	光源による色彩	光の質がよく，対象物の演色性がうまく表現されているかどうか
	対象物の美観	対象物を効果的に表現しているかどうか
	環境との調和	対象物が周囲の環境に溶けあい，よい雰囲気を形成しているかどうか
照明設備の適正	光源の選択	光源が適しているかどうか
	照明器具の設置場所	設置場所が環境に調和しているかどうか
	工事の仕上がり	器具の取付，配線工事が安全，適正に施されているかどうか
	保守・管理	保守，管理のしやすいように設計，工事がなされ，現在うまく運営されているかどうか
	経済性	地域，環境に対する努力と経済設計がなされているかどうか

表 30　景観照明(ライトアップ)の影響に関する調査票の例〔照明学会編：景観照明の手引き，コロナ社(1995)より転載〕

			1	2	3	4	5	6	7	8	9	10
1	対象物	構造体										
2		生　物										
3	具体例	花芽形成										
4		休眠と冬芽形成										
5		害　虫										
6	対　応											
7	照明器具(手法)											

測・観察、住民の安眠などに悪影響を与えることなく、また、照明電力の効率化を図るために、地域の特徴に合わせた照明環境を作る四つの環境レベルを定める。

特に、ランプ光束のうち水平より上方へ向かう光束のランプ全光束に対する比率を上方光束比と定め、この区分の全体の配光形状からそれぞれに適合した照明器具が商品化されている。

照明環境レベルⅠ

特別に自然環境の配慮が必要とされる地区に指定された場所のことで、本来、夜間は暗くすべき領域で、国立公園など「あんぜん」の照明環境である。

照明環境レベルⅡ

標準的な場所のうち、周辺の輝度が低い領域で、市街地および田園地帯の外側などの宅地の道路照明がある場所で「あんしん」の照明環境である。

照明環境レベルⅢ

標準的な照明環境の達成が難しく、周辺の輝度が中間的な領域で、一般的な市街地の場所で「やすらぎ」の照明環境である。

照明環境レベルⅣ

標準的な照明環境の達成が難しい繁華街などで、周辺の輝度が高い領域のうち空地と商業地区が混在する市街地のことで「たのしみ」の照明環境である。

4　照明光の調光制御の便利な方法

照明器具の点滅方法

照明を用いる時には、利用者のリズムに合わせた活用が可能であり、必要な照明用のエネルギーが供給される条件が整っていなければならない。

照明を点滅する装置

人が点滅操作する装置は電圧が一〇〇ボルトか二〇〇ボルトである。また、暗い所で操作することも多いので、パイロットランプの付随している埋込形の安全なものが商品化されている。

手元点滅器（スイッチ）

照明器具の電流を直接入・切する点滅装置である。

(1)　パイロットスイッチ

切の時にスイッチの位置がわかるようにしたものと、入・切ともに二種類の色光を持ち、切り忘れを防止するように工夫したものがある。

(2)　ネーム付スイッチ

点滅する照明器具の場所や部屋名などをスイッチに記入したもので、区別がつき便利である。

(3)　三路スイッチ

一つの照明器具を二箇所から点滅できるスイッチで、廊下・階段などで使われている。

遠方操作スイッチ

照明器具の点滅を遠方から行うスイッチで、建物全体を一箇所で集中して行うこともできる。

(1)　リモコンスイッチ

交流三〇ボルト以下の低電圧のリモコンリレー回路を通して照明器具の点滅を行うので安全である。操作する場所が自由に選べるうえに、無線操作の機能を持たせると持ち運びができる。

(2)　多重伝送リモコンスイッチ

多数の照明器具を操作するリモコンスイッチを改善し、多重伝送によるリモコンシステムを採用したものである。

⑶ マイコンスイッチ

最近は、半導体の発達で点滅動作を小さな電子回路基盤（マイコン）で実践できるようになった。六〜二〇回路以上のものも手軽・安価に組み込みが可能である。

照明器具内蔵スイッチ

照明器具は建築建屋・照明柱のどこの場所に取り付けられるかわからない。設計者の照明計画に基づくものである。もし、手動で直接点滅可能ならば工事費・部品代が安価である。照明器具に内蔵されたものも生産されている。

⑴ トングルスイッチ

照明器具の外側、手の届く所に取り付けられており、一般に点灯・消灯の二段階である。

⑵ プルスイッチ

手で引っ張ることで、二段・三段・四段（全点灯、半分点灯、残置灯、消灯）のような点滅ができる。増設する時の器具に多く使われる。

⑶ 無線操作リモコンスイッチ

手元リモコンで無線操作による点滅を可能にしたものである。

キーロックスイッチによる管理

点灯管理を独自に実行したい場合にキーロックスイッチを用いる。マイクロスイッチとロータリースイッチ回路の組合せによって、五〜一六回路の変更ができる。錠のロック機構にディジタルサミールスイッチのスイッチ機構を組み合わせたもので、ダイカスト製・プラスチックモールド製とある。スイッチの回転範囲・回路数・接点数の変更と組合せによって、ポジション配列も豊富である。キーロックスイッチを図36に示す。

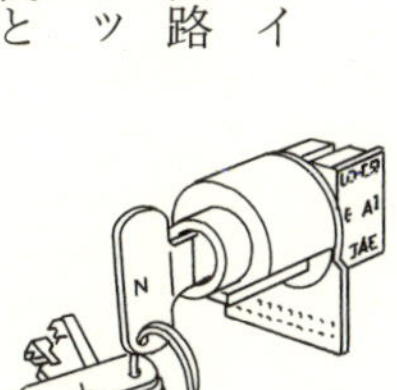

図36　キーロックスイッチ

自動点滅器具

照明費の支出の適切な時間計算は、季節とその日の天候によって異なってくることと、省力化のために自動式の点滅器を用いる。使用して効果があがるのは、街路灯・防犯灯・庭園灯・広告灯・標識灯などである。取付場所は灯具の近く（手元）か遠方でまとめて操作される。屋外が多いので、耐候性・耐震性に優れ、寿命の長いものが要求される。自動点滅器具の開閉は日中の太陽光の明るさによって行いたいので、光が当たったら電気抵抗が変化し、ある定まった値を超えた電流が流れる硫化カドミウム（CdS）のような性質を持つ光電池セルを利用する。

一つの方式としては図37のように、光電池セルの働きで開閉用バイメタルを動作させる遅動式が

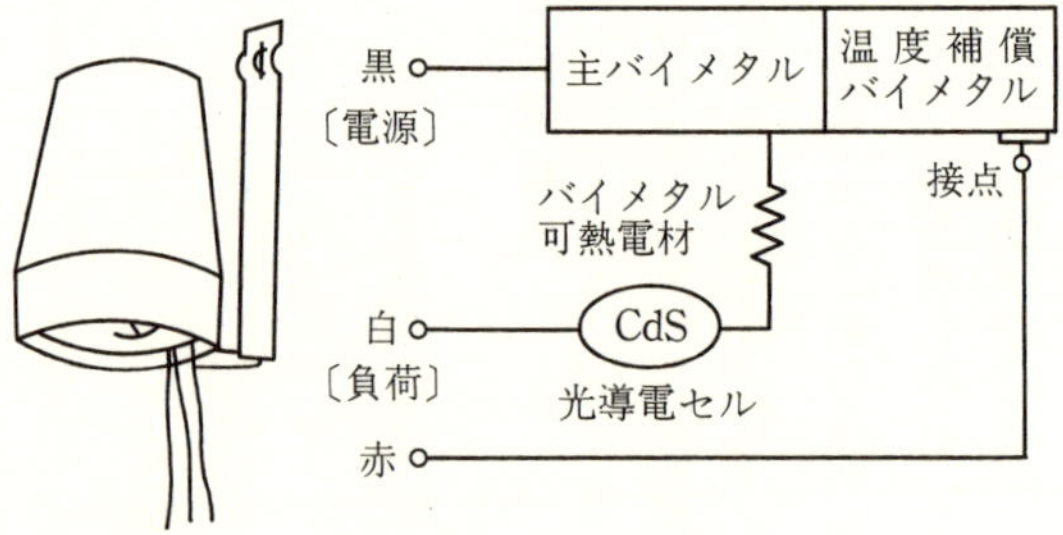

（仕様）
100 V　　　3 A
点灯照度　40 lx
消灯照度　100 lx
制御回路電流　15 mA

図 37　遅動式 1 形光電式自動点滅器

表 31　光電式自動点滅器の定格仕様の例

種　　別			定　格　値
定格電圧〔V〕			100，200
定格電流〔A〕			1，3，6，10，15
応答速度	遅動式		B
	速動式		R
分離形	6 A 以下		S
	15 A 以下		M
動作照度（点灯照度〔lx〕）		1 形	10～80
		2 形	50～315
		3 形	5～20

ある。

その他、バイメタルの代わりにマグネットを使った速動式や長寿命・省力形のソリッドステート光電式（電子式）無接点形も商品化された。

光電式自動点滅器の定格仕様の例を表31に示す。

また、真夜中に人通りのなくなった時に、街路灯を消灯し、防犯灯だけ残すことで省エネルギーを行いたい時には、光が弱くなって自動点灯し、タイマーの働きで、消したい時刻に自動的に照明を消す方法がある。

蛍光ランプの無接点式自動点滅器の接続方法を図38に、白熱灯の自動点滅器の接続方法を図39に示す。

蛍光ランプの点灯回路

一般形点灯回路

(1)　スタータ付き点灯回路

フィラメントの予熱電流を押しボタンを押している間か、グロ

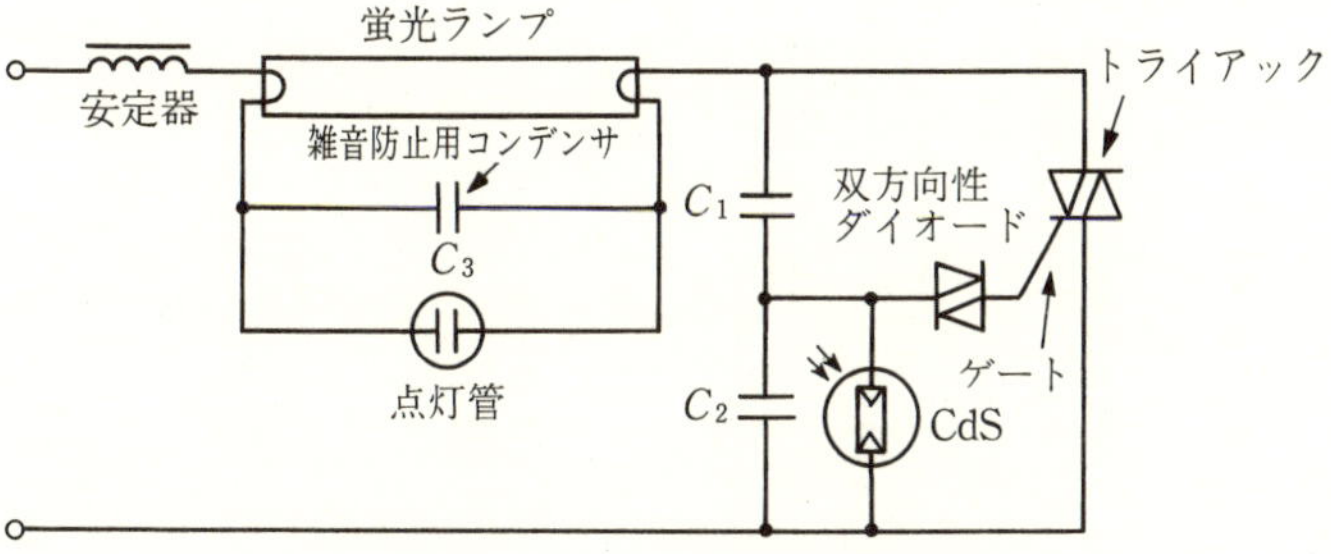

図 38　無接点式自動点滅器の接続方法

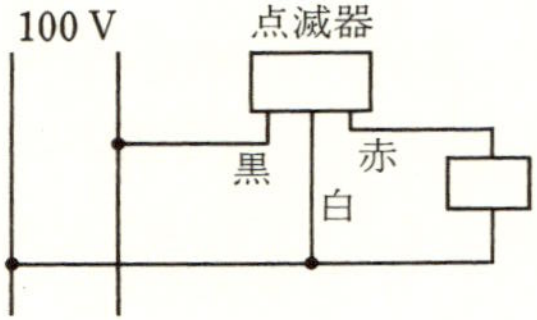

（1） 電源電圧，負荷電圧ともに 100 V。負荷電流が定格以下の場合

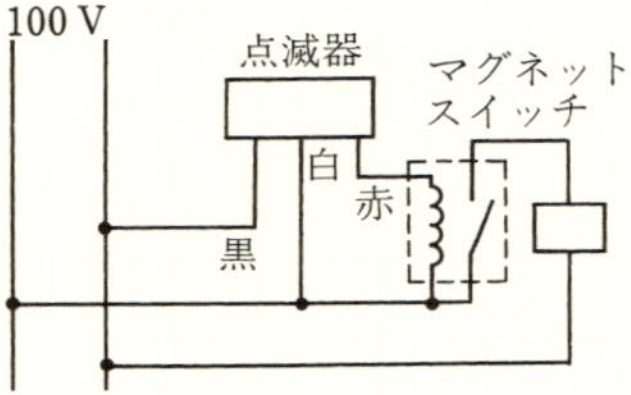

（2） 電源電圧，負荷電圧ともに 100 V。負荷電流が定格を超える場合

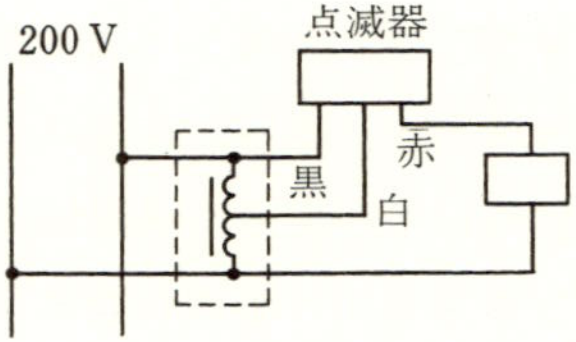

（3） 電源電圧，負荷電圧ともに 200 V。負荷電流が定格以下の場合

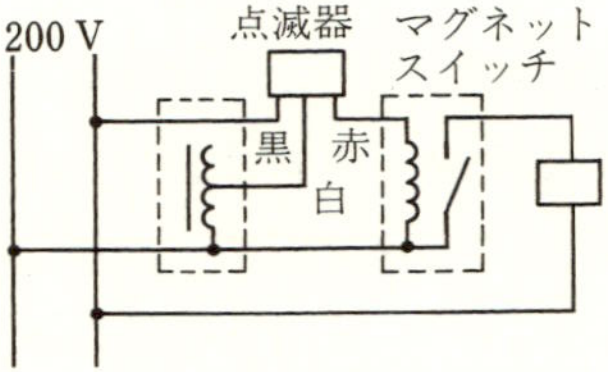

（4） 電源電圧，負荷電圧ともに 200 V。負荷電流が定格を超える場合

（a） 単相二線式の場合

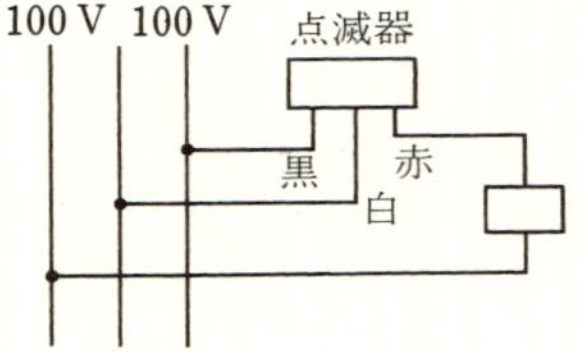

（1） 電源電圧 100 V，負荷電圧 200 V。負荷電流が定格以下の場合

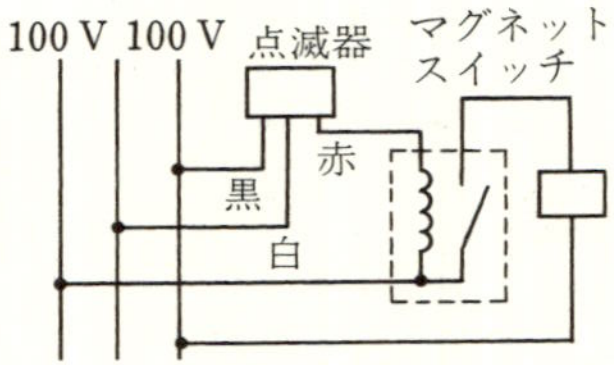

（2） 電源電圧 100 V，負荷電圧 200 V。負荷電流が定格を超える場合

（b） 単相三線 100/200 V の場合

図 39 自動点滅器の接続方法

ースタータの働いている間に通電し、両電極が予熱された後にチョークコイルに誘起する過度電圧を用いて放電させて点灯する。

この時のランプ始動・点灯維持のために、昇圧したり（昇圧変圧器はチョークコイルと一体化した磁気漏れ変圧器を用いる）、電流を適性値に制限したりする器具の安定器を併用する。回路の力率は約六〇パーセントの遅れとなるので、コンデンサによる力率改善を行っている。

(2)　瞬時始動回路

ランプ電圧の約三倍の高電圧を磁気漏れ変圧器で発生させて、冷陰極のままで瞬時点灯させる。欠点は安定器が大きく、電力損失も大きく、ランプ寿命も短いことである。

(3)　ラピッドスタート回路

低い電圧で点灯可能となるように、フィラメント加熱用巻線を安定器に組み込んでいる。三重コイルフィラメント、近接良導体の導体板を用いる方法、管の面に誘電皮膜を付ける方法などがある。この方式では約一秒で点灯が可能である。また、調光も可能である。

電子応用回路を用いた点灯回路

(1)　電子点灯回路

点灯にサイリスタなどの半導体を用いて、フィラメントの予熱電流を大きな半波直流にして瞬時点灯を行う。

(2)　高周波点灯回路

商用周波数をサイリスタインバータで高周波に変換して、瞬時点灯する方法である。発光効率は約一〇パーセント向上する。

(3)　直流用点灯回路

直流をブロッキング発振器で一〇〜二〇キロヘルツの高周波に変換し、昇圧後、瞬時点灯する方法である。交通車輛用照明器具や非常灯に用いる。

昼光センサによる制御回路

マイコン内蔵の主操作盤にあらかじめ照明器具の点灯パターンを時間帯によって記憶させておき、効率のよい照明電力とし、さらに、昼光センサで窓側照明の点滅制御を行うものである。事務所などでは、就業前・昼休み・残業時間などに節電が可能なので二〇〜三〇パーセントの節電ができる。最大電力が低減できると契約電力（自家用電力では受電変圧器容量の低減が可能となる）も少なくてすむ。事務所での事例を照明システム系統図として図40に示す。

避難口誘導灯および非常照明器具回路

避難時の誘導灯および非常口灯は、内蔵の密閉形ニッケルカドミウム電池をフローティング状態で設置し、停電するとスイッチング装置で豆電球を点灯するか、インバータを介して蛍光ランプを

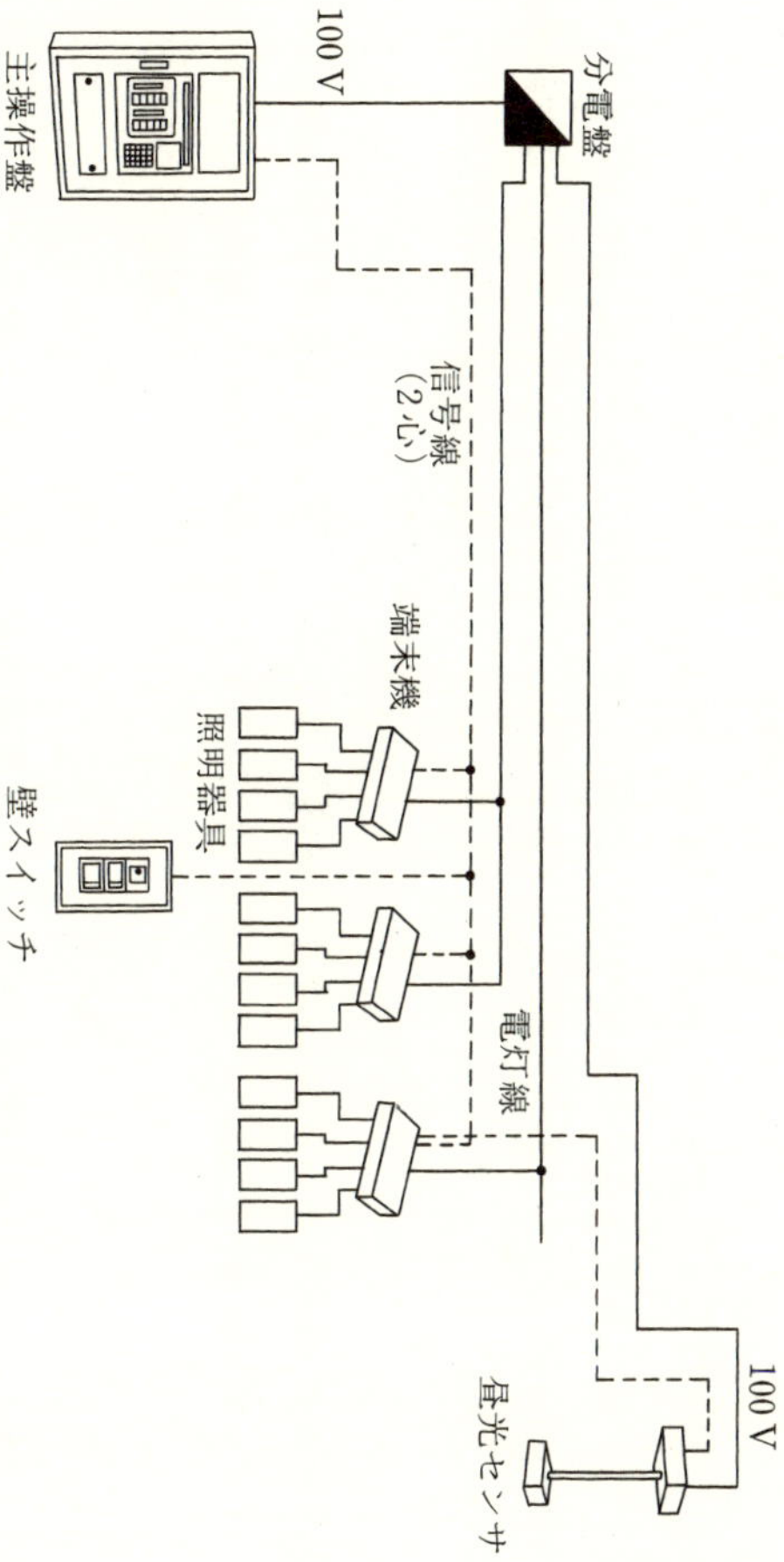

図40　事務所での照明システム系統図

点灯する。

高輝度放電ランプの点灯回路

高輝度放電ランプを始動させるには、電極間距離を高電圧で絶縁破壊させる。一般には中間に補助電極を設けている。

水銀ランプの点灯回路

電極間に直接電流を通じることができないので、主電極の近くに補助電極を設けて、チョークコイル回路・定電力形回路などを付加して局部的な放電で始動させてから主放電に導く方法を用いる。

メタルハライドランプの点灯回路

補助電極を用いた始動に必要な電圧は四～五キロボルト程度であるが、いったん消灯し、再び始動しようとする時には、四〇～五〇キロボルトの高電圧が必要となる。この間、数～数十分の再始動時間がかかる。一般には、イグナイタ回路部と安定器回路部で、低圧パルスの中間に高圧パルスを重ねた二段パルス方式なども用いられている。

高圧ナトリウムランプの点灯回路

始動時にパルス電圧を発生させる半導体イグナイタ方式が用いられることが多い。

調 光 装 置

住宅の居間、事業所の会議室・ホールでは、多目的な使用条件を満足させるために、照射光量や色を変える手法が使われている。

スライド・ビデオ映写の時の減光、劇場・スタジオでの季節・時刻の演出、店舗でのイメージ作り、食堂・喫茶店の雰囲気造成などでは必ず調光が行われる。

色調光の場合には十数枚のカラーフィルタを電動機で移動させるカラーチェンジャを光源の前面に置いて行っている。ドラマなどでは時刻・天候の表現に用いている。標準色を中心として、青い寒色系と赤っぽい暖色系で表現している。広く行われているのは明るさ（照度）と模様の調光である。

白熱電球器具や蛍光ランプ器具の明るさを変化させるものについて説明する。

調光の基本回路

電 圧 可 変 式

オートトランス（または、リアクトルを用いる）で直接電圧を変化させる方式で、電圧を下げると減光する。

電流可変式

ランプ回路に直列インピーダンスを加え、インピーダンスを可変し、電流の大小に応じて明るさを変化させる。

電流導通可変式

ランプ回路にスイッチ素子を接続し、交流サイクルごとのランプ電流の通電時間を可変させる。

サイリスタを用いた電流制御方式の例では、サイリスタの位相制御による電源電圧を負荷に印加する時の位相角を、〇から一八〇度の間に変化させるものである。トライアック（双方向性）による基本回路を用いる。負荷回路に挿入されたトライアックに、ゲートパルス発生器のパルスが与えられると電流が流れる仕組みである。

調光の方法

白熱電球器具の調光

サイリスタ（トライアック）を制御部（ゲートパルス発生器）で負荷電流を制御して調光するものである。

蛍光ランプ器具の調光

白熱電球器具の制御部の原理を用いて、蛍光ランプ安定器内の補助制御部を制御し、ランプ主回路のサイリスタ（トライアック）で負荷電流を制御して調光する。その回路を図41に示す。

安定器の種類でインバータ式（電子安定器）が開発され、四〇ワット一灯の場合、使用電力が八一パーセントに低減され、寿命も六倍と長くなったものがある。ただし、調光した場合に音響機器に対する雑音の影響が増大したので、配線設計に接地をとる必要がある。また、単三回路では調光・音響回路は別々にする。蛍光ランプ器具用省電力安定器を表32に示す。

ワイヤレスリモコン

遠方から配線なしで照明器具の調光制御を行える光線式ワイヤレスリモコンスイッチがある。受信器を照明器具に埋め込んだり、コンセント形アダプタ受信器を用いる。住宅居間のつり下げ器具や事務所の会議室・ホール などで使用すると便利である。

スタジオ・舞台照明の制御

スタジオ・舞台、およびイベント用の照明器具は大形で、光量と光質を数～数百台の多くの器具を一箇所で制御する。

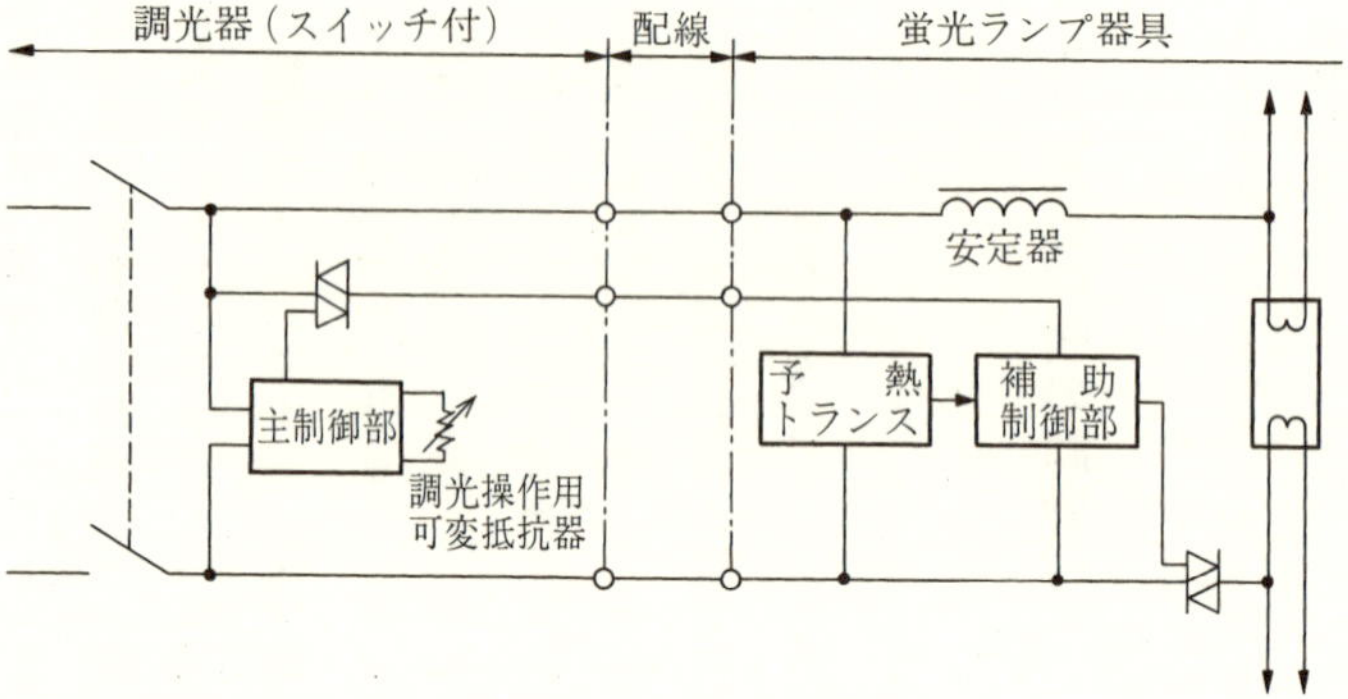

図 41　サイリスタ（トライアック）を用いた蛍光ランプ調光回路

表 32　蛍光ランプ器具用省電力安定器

種類 ／ 項目	現行ラピッド式	新 SP ラピッド式	PS 段調光式	インバータ式（電子安定器）
使用電力（現行ラピッド式を 100 とする）		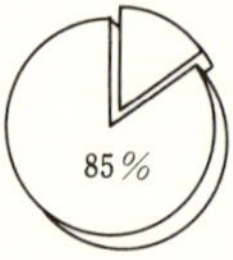 85％ (40 W 2 灯用)	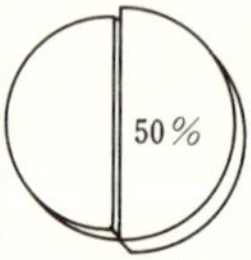 50％ (40 W 2 灯，段調光時)	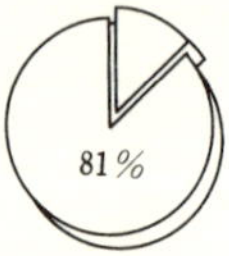 81％ (40 W 1 灯用)
償却年数	——	約 1 年	3～4 年	約 6 年

光量の制御には、調光器とそれを制御する調光操作卓が使用される。ハロゲンランプの場合にはＳＣＲ（Silicon Controlled Rectifier）素子を使用した位相制御方式である。また、ＩＧＢＴ（Insulated Gate Bipolar Transistor）素子を使用した逆位相制御方式調光器も開発されたので、音響ノイズや電磁ノイズが低減され、照明器具ごとにその近くに配置できるようになり、集中制御の配線より簡単になった。

光芒《こうぼう》（光のすじのこと）の制御には、リモートコントロール式のスタジオ用リモコンライト、舞台用ムービングライトがある。リモコンライトは、配光と質を重視した照明器具で、パン・ティルト・フォーカスの制御を行うのに、器具のレンズ前面に色変化用のカラーチェンジャやビームの遮光調整をリモートコントロールできる電動バーンドアを取付けたものもある。ムービングライトは光芒を素早く動かせ、色、図柄などの動画的演出装置を持った照明器具である。

小形のものでは、一～三キロワットのハロゲンライト、二〇〇ワット～一キロワットのメタルハライドランプが用いられ、中形のものでは、二～四キロワットのキセノンランプを使用する。

特殊照明制御装置は、高出力の大形プロジェクタ、エフェクトマシン、レーザ光線などが用いられる。

リモートコントロールスポットライトを図42に、電動スカイコンダクターを図43に、ＣＳＩオールウェザーライトを図44に示す。

（a） リモコンスポット
ライト（NRL-15）

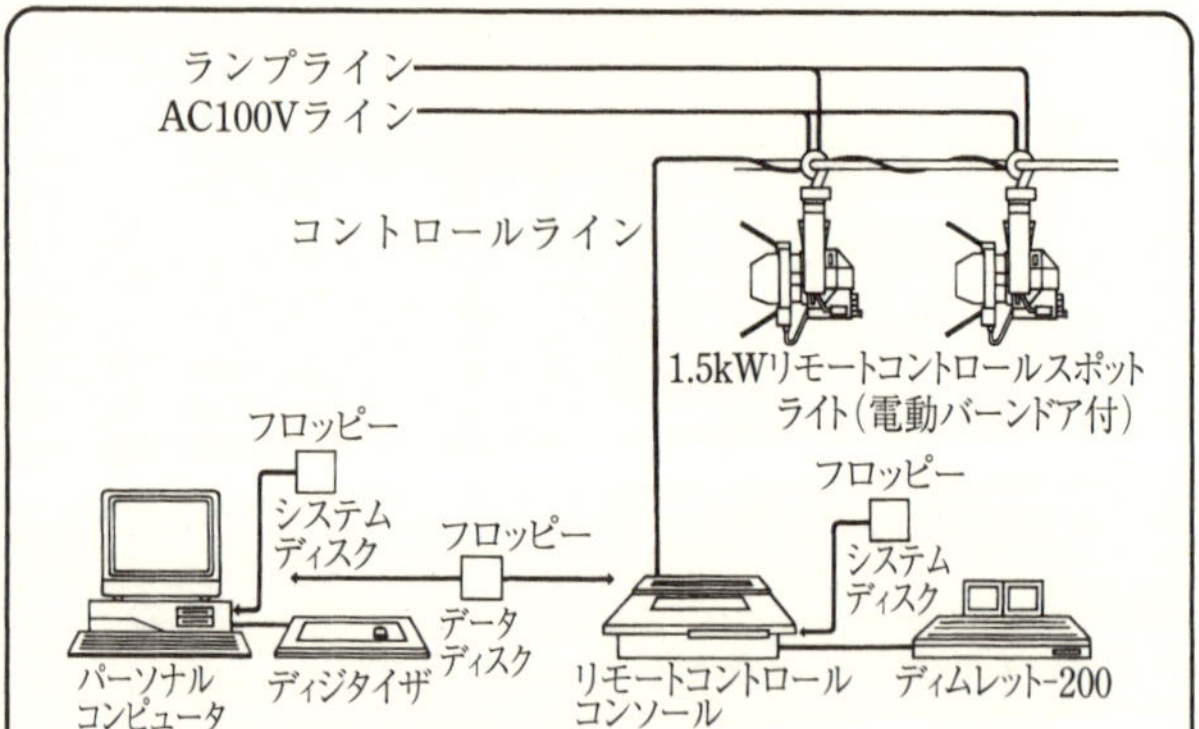

（b） リモコンスポットライトシステム

図 42 リモートコントロールスポットライト〔照明学会編：景観照明の手引き，コロナ社（1995）より一部転載〕

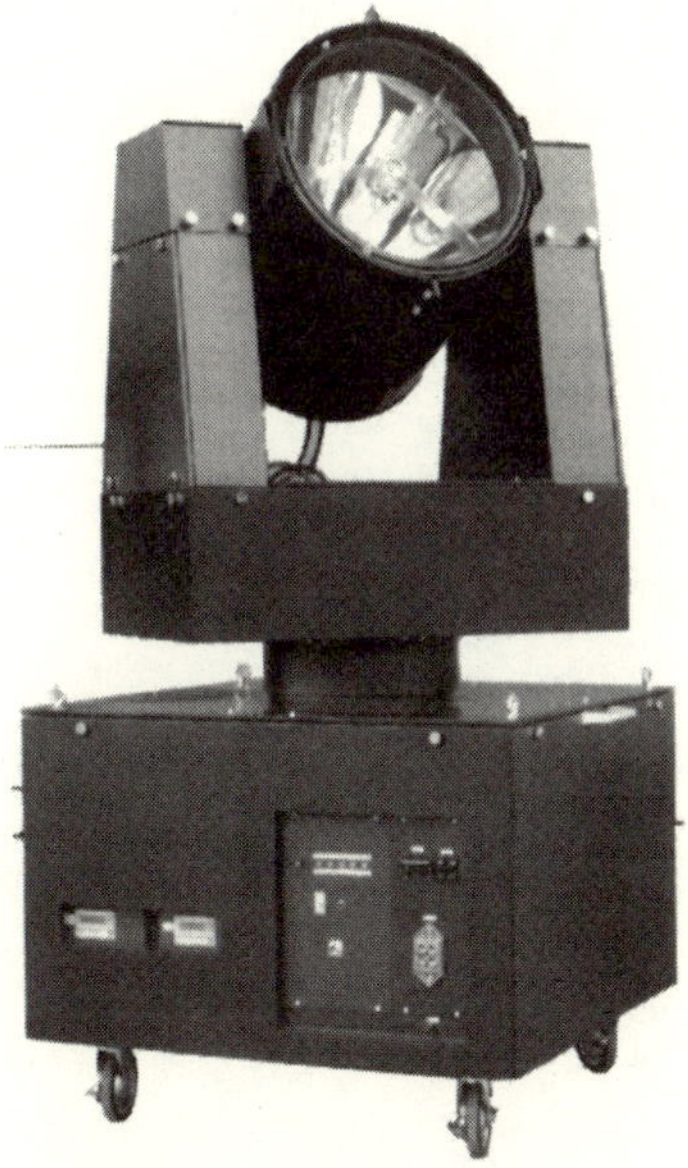

図 43　電動スカイコンダクター〔照明学会編：景観照明の手引き，コロナ社（1995）より一部転載〕

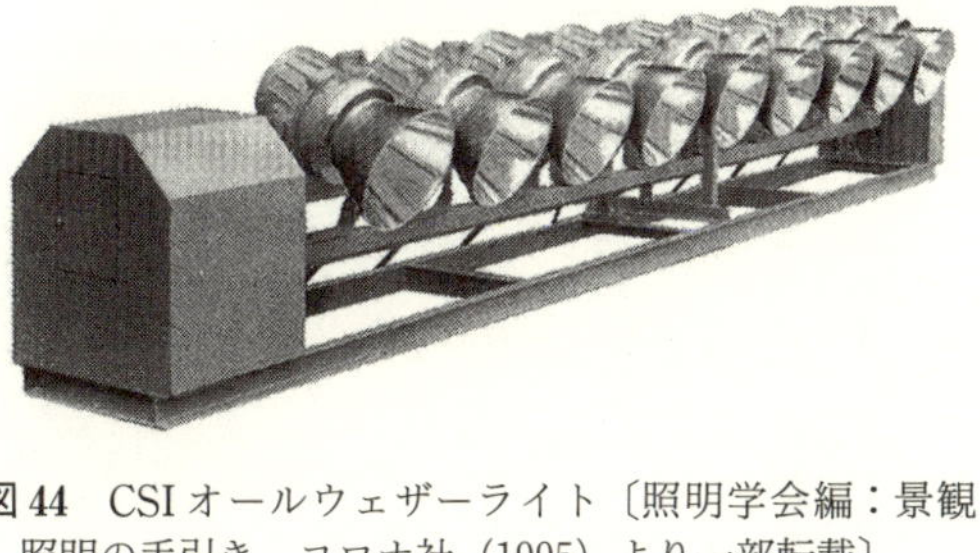

図 44　CSI オールウェザーライト〔照明学会編：景観照明の手引き，コロナ社（1995）より一部転載〕

5　建築施工から見た照明計画

建築用電気設備

建築物に人が入って生活する場合には、電源設備から家庭用電気製品まで、いろいろな電気設備が必要になる。

電源設備では、引込口・受電・変電・非常用電源などがある。動力設備としては、給排水・空調・エレベータ・消火用機器などがある。情報通信設備では、電話・電気表示・電気時計・テレビジョン受信・ラジオ受信・火災報知・盗難警報などがある。照明設備は、これらの設備と共同で設置計画されることになるので、照明の点滅調光方式と、照明器具の取付工事および配線工事には計画段階から、経済的・障害の有無について設計を検討することを必要とする。

照明電力と照明方式

電力会社との受電契約に必要となるのは、照明器具に加える定格電圧と各部屋の必要照度から定まる使用電力である。

住宅用や小さな事業所で使用する標準電圧は、商用周波数（五〇ヘルツ、六〇ヘルツの二通り）単相一〇〇ボルトか単相三線式一〇〇／二〇〇ボルトである。大きな事業所となると、三相三線式二〇〇ボルトである。ただし、交流三相六〇〇〇ボルトを受電し、照明用電圧に降圧させて使用する。

照明に必要とする消費電力は、全設備器具容量に需要率を掛けて算出する。照明器具以外のものも含めた需要率は、常時使用している冷蔵庫・残置灯などの電力、同時に使用する照明器具・空調機器・放送受信機器などの電力、同時に使用しない電気製品の電気釜・電子レンジ・電気洗濯機・電気アイロン・電気掃除機などの中の最大消費電力の三つを加えたものの、全電気設備機器に対する割合で算出する。住宅断面図による配線計画を図45に示す。

建築の床面積で最低必要電力を概算すると、一平方メートル当りつぎのようになる。

○　事務所・住宅など　　三〇ボルトアンペア

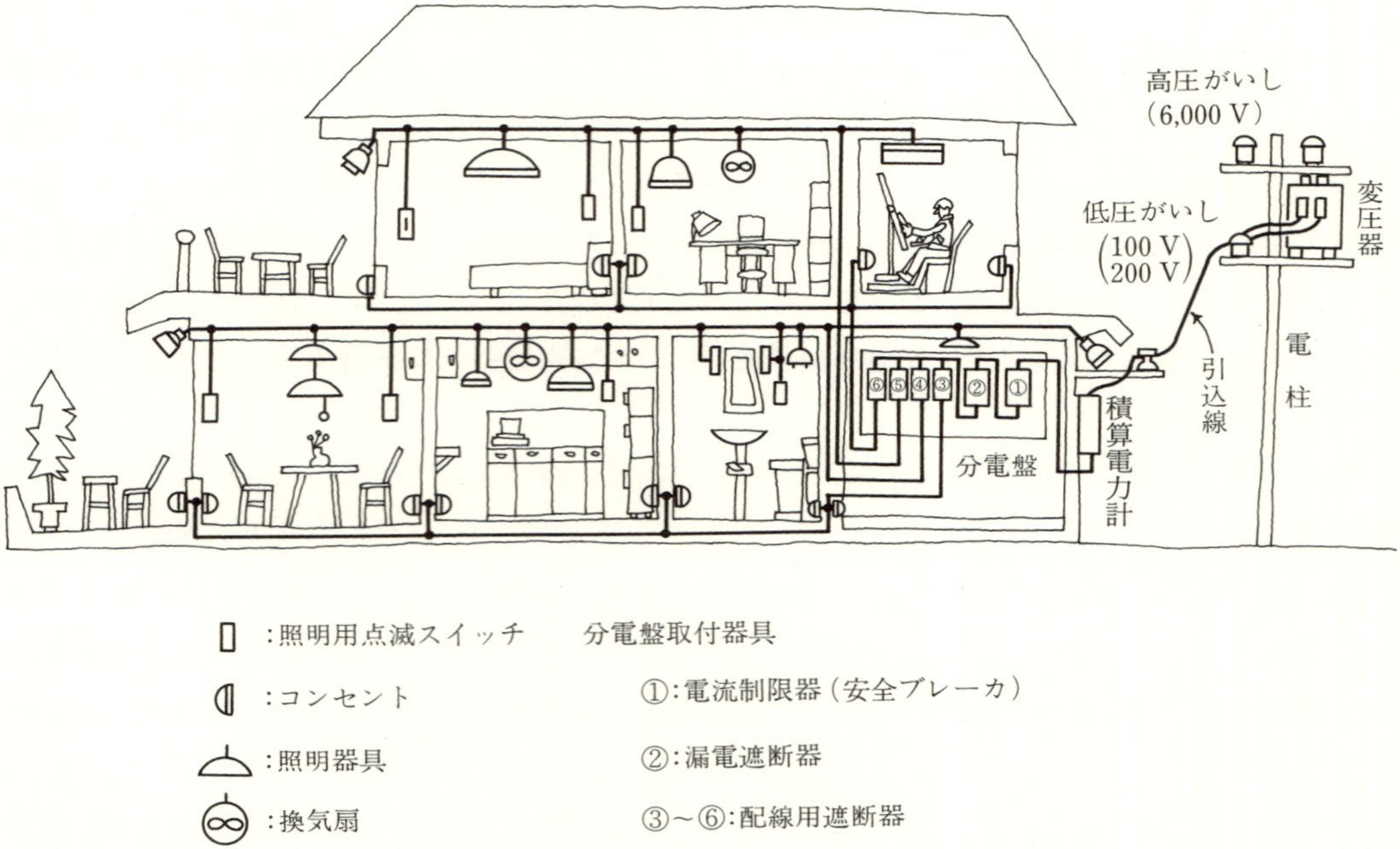

図 45　住宅断面図による配線計画

○　学校・料理飲食店など　二〇ボルトアンペア
○　工場・劇場など　一〇ボルトアンペア

電力会社からの受け口の開閉をつかさどる機器は、電流制限器である。単相二線式一一〇ボルトおよび単相三線式一一〇／二二〇ボルトが使われ、過電流遮断能力を電磁式で行い、遮断特性は表33のようである。また、部屋別の配線に分岐する時には、電磁式・バイメタル式の遮断保護装置を有する表34のような配線用遮断器を使用する。さらに、感電防止・電気機器を含めた配線回路の保護用に漏電遮断機を引込開閉器と分岐開閉器の間に設ける場合が多くなってきた。保護目的として、地絡保護・過負荷保護および短絡保護兼用のものも商品化されている。その特性を表35に示す。

開閉器とヒューズで引込み（例えば、カバー付ナイフスイッチなど）をしている場合には、使用電力による電流とヒューズの定格・溶断特性を熟知して選択決定する。カバー付ナイフスイッチの定格を表36に、ヒューズの定格電流を表37に、ヒューズの溶断特性を表38に示す。

表33　電流制限器の特性

定格電流〔A〕	動作電流〔A〕	不動作電流〔A〕	2分以内に切れることを要する電流	1秒以内で動作せず10秒以内に動作することを要する電流〔A〕
5	7.5	5.75	定格電流の200％	22
10	15	11.5		40
15	22.5	17.2		55
20	28	22		70
30	39	33		100

表 34　配線用遮断器のフレームの大きさと定格電流

フレームの大きさ〔A〕	30	50	100	225	400	600	800	1,000	1,200	1,600	2,000	2,500
定格電流〔A〕	15	15	15	100	225	400	600	800	1,000	1,200	1,600	2,500
	20	20	20	125	250	500	800	1,000	1,200	1,400	1,800	2,500
	30	30	30	150	300	600				1,600	2,000	
		40	40	175	350							
		50	50	200	400							
			60	225								
			75									
			100									

〔注〕 フレームの大きさとは，定格電圧，温度上昇および定格遮断電流などを考慮して，動作機構を同じ大きさの容器に収めることのできる最大の定格電流をもって呼ぶ容器の大きさのことである

表 35　漏電遮断器の特性

漏電遮断器	地絡電流の定格感度電流に対する倍数		
	1	1.4	4.4
	動作時間		
高速形	0.1 秒以内	—	—
時延形	0.1〜0.2 秒	—	—
反限時形	0.2〜1 秒	0.1〜0.5 秒	0.05 秒以内

表 36　カバー付ナイフスイッチの定格

種別			定格		
単投・双投の別	極数	ヒューズの有無	電圧〔V〕	電流〔A〕	ヒューズの遮断電流〔A〕
単投	2，3	有，無	250	15	1,500
				30	1,500，2,500
				60	2,500
				100	
双投	2，3	無	250	15，30	
				60，100	

表 37　ヒューズの定格電流

ヒューズ〔A〕	1，3，5，10，15，20，30，40，50，60，75，100，125，150，200，250，300，400，500，600，700，800，900，1,000
ヒューズホルダ〔A〕	30，60，100，200，400，600，800，1,000

表 38　ヒューズの溶断特性

ヒューズの定格電流〔A〕	溶断時間〔分〕	
	A 種：定格電流の 135 % B 種：定格電流の 160 %	定格電流の 200 %
1～30	60	2
31～60	60	4
61～100	120	6
101～200	120	8
201～400	120	10
401～600	120	12
601～1,000	180	20

〔注〕 ヒューズは，温度上昇，通電および溶断の諸特性によって，A 種，B 種に種別される

屋内配線と分岐回路

電力会社から引き込まれた電力を屋内で、各部屋の電気設備の内容と大きさによって分岐配電する。動力や大形冷暖房器具では、二〇〇ボルトの電力引込契約を追加する。屋内電灯・屋外電灯・コンセントなどの回路に、一回路一五アンペアを超えないように計画する。コンセント回路では、電子レンジ・電気冷蔵庫・電気暖房器などは一回路専用に設ける必要がある。

屋内配線工事は、電圧降下が許容値（分岐回路二ボルト）を超えないことも含めて表39に示す太さのものを用い、工事方法は表40による。

分岐回路の電流容量による種類は限られている。一個口のコンセントの定格電流は、一〇アン

表 39　電線の許容電流〔600 V ビニル絶縁電線（銅線）〕

導体			許容電流〔A〕			
単線，より線の別	断面積〔mm²〕	直径〔mm〕 素線数/太さ〔本/mm〕	がいし引き	同一金属管内の電線数		
				3 本以下	4 本	5～6 本
単線		1.6	27	19	17	15
		2.0	35	24	22	19
		2.6	48	33	30	27
		3.2	62	43	38	34
より線	5.5	7/1.0		34	31	27
	8	7/1.2		42	38	34
	14	7/1.6		61	55	49
	22	7/2.0		80	72	64
	38	7/2.6		113	102	90
	50	19/1.8		133	119	106

表 40　配線工事方法一覧

工事方法	電圧	使用電線	施設場所					
			展開場所		隠ぺい場所			
					点検可能		点検不可能	
			乾燥した場所	その他	乾燥した場所	その他	乾燥した場所	その他
金属管工事	600 V 以下	IV 以上†2, DV†3	○	○	○	○	○	○
硬質ビニル管工事	600 V 以下	IV 以上 DV	◎	◎	◎	◎	◎	◎
ケーブル工事	600 V 以下	低圧ケーブル†4	●	●	●	●	●	●
可とう電線管工事†1	600 V 以下	IV 以上または DV	◎	◎	◎	◎	◎	◎
フロアダクト工事	300 V 以下	IV 以上または DV					○	
金属ダクト工事	600 V 以下	IV 以上または DV	○		○			
金属線ぴ工事	300 V 以下	IV 以上または DV	○		○			
木製線ぴ工事	300 V 以下	IV 以上	○		○			
バスダクト工事	600 V 以下	バスダクト	○		○			
キャプタイヤケーブル工事	300 V 以下	1 種以外のキャプタイヤケーブル†5	●	●	●	●		
がいし引き露出工事	600 V 以下	IV 以上	○	○				
がいし隠ぺい工事	600 V 以下	IV 以上			○	○	○	

〔注〕 ○　施設してよい

◎　重量物の圧力または著しい機械的衝撃を受けるおそれがないように施設する

●　重量物の圧力または著しい機械的衝撃を受けるおそれのある箇所に施設するものは，適当な防護装置を設ける

†1　可とう電線管にはプリカチューブを使用する。乾燥した展開した場所または点検できる隠ぺい場所（300 V を超える場合は，電動機に接続する部分で可とう性を必要とする部分に使用するものに限る）は，プリカチューブ以外のものでもよい

†2　IV 以上とは，600 V ビニル絶縁電線，600 V ゴム絶縁電線，キャプタイヤケーブル，高圧絶縁電線，または通信ケーブル以外のケーブルをさす

†3　DV とは，引込用ビニル絶縁電線をさす。引込線の延長のような部分に使用されることがあるが，一般屋内配線に使用されることは適しているとはいいがたい

†4　低圧ケーブルとは，鉛被ケーブル，アルミ被ケーブル，クロロプレン外装ケーブル

†5　断面積 8 mm² 以上のもの。ただし，長さ 2 m 以下の場合は 2 mm² 以上のものでよい

ペア、一五アンペア、二〇アンペアの三種類であるが、小さな電気製品を多く使用する居間・書斎・子供部屋などでは、二個口・三個口を用意したほうがよい。部屋の広さによる最低コンセント数を表41に示す。

照明用配線工事は、安全・取扱い容易・経済的・施設環境との調和を考えて、選定することになっている。

設備工事では、耐震・耐風・耐錆など単独の対策を立てるが、他の設備との共有設計を考え、公害エネルギーを有効利用することを行っている。

夏の照明熱を冷房用エネルギーとしたり、冬の照明熱を暖房用に北側部屋に通風するなどである。また、大きなビルの工事期間を短縮したり、製品の品質を高めたりするために、釣り天井の工法を用いた照明器具付天井モジュール工法がある。放送用スピーカ・火災報知器・空調アネモなどの設備を都合よく組み込んだ何種類かのユニットを生産する。ビル以外でも、内装デザインを頻繁に変更する用途の部屋では照明器具も含めて改められることが多く、この工法は有利である。照明器具付天井モジュールを図46に示す。

表 41　最低コンセント数

コンセント数	部屋の種類
4	居間，台所，書斎（勉強室），寝室，食堂
3	応接間，座敷，家事室（作業室）
2	洗濯場，外回りの廊下
1	便所，玄関，脱衣室，車庫，納戸，洗面所

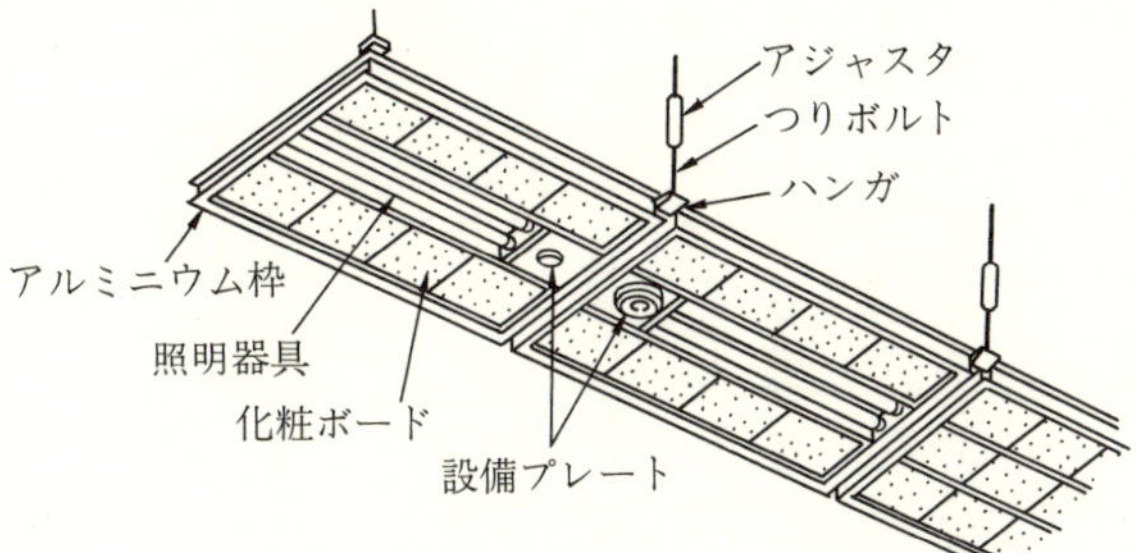

図 46　照明器具付天井モジュール

契約電力と自家発電設備

電力会社から買電をしないで、自家用発電機で電力をまかなう方法もある。ディーゼル発電機、太陽熱・太陽光発電装置、風力発電機、燃料電池発電機、蓄電池、乾電池などの種類がある。

照明経済

電力費は、電力会社との契約の仕方によって基本料金と使用電力量料金とで定まる。一般には、従量電灯区分が多く、電流契約値によって基本料金が定まる（一〇、一五、二〇、三〇、四〇、五〇、六〇アンペアなど）。使用電力量料金は、使用量によって三段階までの一キロワット時当りの料金が設定されており、照明以外の電気機器全体の料金を一括支払いする方式である。

電力会社の責任分界点からの引込みに関しては、定められた太さの引込電線を表40の工事方法に基づいて幹線引込工事を行う。

照明設計で完成図面ができると、その経費について試算する必要がある。経費は設備費と運営費に分けて算出する。設備費は施主からの依頼を受けてから設計に取りかかり完成するまでの費用のことであり、最初に支払わなければならない直接的な費用の初期設備費と資金繰りなどの固定費から構成される。運営費は設備された施設を維持管理するための保守管理費と使用電力量によって定まる電力費から構成される。保守管理費には、人件費、材料費などが含まれる。

設備には、一般に耐用年数があるので、設備更新のための積立金を用意する（例えば、耐用年数二〇年であれば、設備更新のためにその金額の二〇分の一を毎年積み立てていくことになる）ことが必要である。通常、固定費を年間に分割して支払いする時には、年間固定費を定めておくのがよい。照明器具・ランプの交換費と清掃費などの保守管理費の年間に分割した費用とその年に使用した電力費（消費電力、年間点灯時間、電力料金の積）の合算したものが年間運転費となる。年間に照明のためにかかる年間照明費は、年間固定費と年間運営費を合わせた費用となる。照明経済比較の各要素のダイアグラムについては図14を参照するとよい。

住宅照明の光源に白熱電球を主体とした場合と蛍光ランプを主体とした場合と省エネ設計をした場合では、照明器具の使用電力量が異なってくる。三つの案について計算した参考例を表42に示す。

表 42　住宅の照明の参考例

部屋名	A. 白熱電球を主体として設計した場合			B. 蛍光ランプを主体として設計した場合			C. 省エネ設計をした場合		
	品　名	点灯時間	消費電力量〔W・h〕	品　名	点灯時間	消費電力量〔W・h〕	品　名	点灯時間	消費電力量〔W・h〕
門	40 W 電球 1 灯 門灯	12	480	10 W 蛍光ランプ×1 門灯	12	144	14 W U形蛍光ランプ×1 門灯 おやすみスイッチ付	6	108
玄　関	40 W 電球×1 ブラケット	4	160	10 W 蛍光ランプ×1 ブラケット	4	48	14 W U形蛍光ランプ×1 ポーチライト	4	72
〃	60 W 電球×1 シーリングライト	1	60	30 W 環形蛍光ランプ×1 シーリングライト	1	36	30 W 環形蛍光ランプ×1 シーリングライト	1	36
〃	40 W 電球×1 ブラケット	1	40	14 W U形蛍光ランプ×1 ブラケット	1	17	14 W U形蛍光ランプ×1 ブラケット	1	17
廊　下	60 W 電球×5 ダウンライト	2	600	40 W 電球×5 ペンダント	2	400	50 W 電球×5 ニューダウンライト	2	500
階　段	60 W 電球×1 ペンダント	6	360	20 W 蛍光ランプ×1 ブラケット	6	144	40 W 電球×1 ペンダント	6	240
〃	60 W 電球×6 シャンデリア	1	360	30 W 環形蛍光ランプ×4 シャンデリア	1	144	30 W 環形蛍光ランプ×4 ライコンスイッチ付シャンデリア	1	95
応接間	40 W 電球×2 ブラケット	1	80	14 W U形蛍光ランプ×2 ブラケット	1	34	14 W U形蛍光ランプ×2 ブラケット	1	34
〃	60 W 電球×1 スタンド	2	120	60 W 電球×1 スタンド	2	120	60 W 電球×1 スタンド	2	120
座　敷	60 W 電球×4 和風シャンデリア	1	240	40 W＋30 W 環形蛍光ランプ×1 ペンダント	1	84	32 W＋30 W 環形蛍光ランプ×1 ペンダント	1	74
〃	20 W 蛍光ランプ×1	1	24	20 W 蛍光ランプ×1	1	24	18 W 蛍光ランプ×1	1	18
居　間	60 W 電球×4 ペンダント	6	1,440	30 W 環形蛍光ランプ×1 ペンダント	6	432	28 W 環形蛍光ランプ×2 ペンダント	6	403
食　堂	100 W 電球×1 ペンダント	3	300	20 W 蛍光ランプ×4 シーリングライト	3	288	18 W 蛍光ランプ×4 シーリングライト	3	252
台　所	20 W 蛍光ランプ×1	3	72	20 W 蛍光ランプ×1	3	72	18 W 蛍光ランプ×1	3	63

表 42 （つづき）

部屋名	A. 白熱電球を主体として設計した場合			B. 蛍光ランプを主体として設計した場合			C. 省エネ設計をした場合		
	品　名	点灯時間	消費電力量〔W・h〕	品　名	点灯時間	消費電力量〔W・h〕	品　名	点灯時間	消費電力量〔W・h〕
洗面所	60 W 電球×1 シーリングライト	2	120	15 W 蛍光ランプ×1 ブラケット	2	36	40 W 電球×1 シーリングライト	2	80
トイレ	40 W 電球×1 シーリングライト	1.5	60	10 W 蛍光ランプ×1 ブラケット	1.5	18	40 W 電球×1 シーリングライト	1.5	60
浴　室	60 W 電球×1 シーリングライト	2	120	15 W 蛍光ランプ×1 ブラケット	2	36	15 W 蛍光ランプ×1 ブラケット	2	36
寝　室	100 W 電球×1　ペンダント	2	200	30 W 環形蛍光ランプ×2 ペンダント	2	144	90 W 電球×1 調光器付ペンダント	2	128
〃	60 W 電球×1　スタンド	0.5	30	60 W 電球×1　スタンド	0.5	30	54 W 電球× 1　スタンド	0.5	27
子供室	60 W 電球×2，20 W 蛍光ランプ×2　シーリングライト	4	672	20 W 蛍光ランプ×3 シーリングライト	4	288	18 W 蛍光ランプ×3 シーリングライト	4	252
(男 子)	60 W 電球×1　スタンド	4	240	60 W 電球×1　スタンド	4	240	54 W 電球×1　スタンド	4	216
子供室	60 W 電球×2，20 W 蛍光ランプ×2　シーリングライト	3	504	20 W 蛍光ランプ×3 シーリングライト	3	216	18 W 蛍光ランプ×3 シーリングライト	3	189
(女 子)	60 W 電球×1　スタンド	3	180	60 W 電球×1　スタンド	3	180	54 W 電球×1　スタンド	3	162
物　置	40 W 電球×1 シーリングライト	0.25	10	15 W 蛍光ランプ×1 ブラケット	0.25	5	15 W 蛍光ランプ×1 ブラケット	0.25	5
ガレージ	40 W 電球×1 シーリングライト	0.25	10	15 W 蛍光ランプ×1 ブラケット	0.25	5	15 W 蛍光ランプ×1 ブラケット	0.25	5
庭　園	40 W 水銀灯×1	12	600	40 W 水銀ランプ×1	12	600	40 W 水銀ランプ×1 おやすみスイッチ付	6	300
※1日当りの消費電力量	7,082 W・h			3,781 W・h			3,492 W・h		
1日当りの省電力量	──			A−B=3,301 W・h			A−C=3,590 W・h		
※1ヶ月の消費電力量	212 kW・h			113 kW・h			105 kW・h		
※1ヶ月の使用料金	4,889 円			2,338 円			2,079 円		

〔注〕　※照明器具だけの消費電力量で，使用料金については基本料金を含んでいない

6　照明計画と照明計算

照明計画の方針

昼間の大きいエネルギー環境と異なり、夜間では人工照明の小さなエネルギーで環境の演出を計画するため、照明手法は重要である。白熱電球では動的で暖かい感じを与えるのに対し、蛍光ランプでは静的で涼しい感じを与える。上から下への明かりは静的で崇高な感じを、下から上への明かりは、動的で通俗・いらだたしい・恐怖の感じを与える。

照明計画では環境の雰囲気を壊さないよう配慮する。

柔らかで落着いた環境情緒

全体を均一にし、間接照明とする。照度は低目にする。

崇高な環境情緒

高い天井部を，より明るくする。ダウンライトで，目的物に暖色系で明るいスポットを作り，集中力を呼び出せるようにする。

家庭団らんの環境情緒

白色系や暖かみのある感情や気分の引き立つ照明器具を用いて，混光照明や組合せなどの多くの器具を設置する。

色光のもたらす効果と，内装・調度品の色の効果が視認されるが，色で演出する環境情緒としては表43を参照するとよい。

場所的な余裕のある場合には，暖炉やキャンドル台を作り，人工照明に加えることをすすめる。

景観の造形物の照明手法

建築物や庭園などのモニュメントを輝度比よく照明するには，立体的になるように，明暗のコントラストを付けて背景から浮かび上がるようにする。

建造物の材質と環境の状況から，設計される照度は表44のようにする。

表 43　色で演出する環境情緒

照明光の色	環　境　情　緒
赤，赤紫	動的，暖かい，嫌な，不純
青，青緑	静的，寒い，好ましい，純粋
赤，黄赤，赤紫，紫	派手，女性的
青	男性的
赤，黄赤	興奮感
赤，黄赤，黄	愉快感
緑，青緑，青，青紫	緊張感

表 44　建造物の照度（単位：〔lx〕）

環境の明るさ ＼ 表面材の反射率〔%〕	明	中	暗
80	150	100	50
60	200	150	100
40	300	200	150
20	500	300	200

表 45　安全色として使われる照明色光と用途

光色	マンセル記号表示	用　　途
赤	5 R 4/13	防火（消火器，消防車など）
黄赤	2.5 YR 6/13	危険（危険物の表示など）
黄	2.5 Y 8/12	警戒（黄地に黒しまを入れて表示する）
緑	5 G 5.5/6	救護（薬・担架などの保管場所，緑地に白十字など）
青	2.5 PB 5/6	用心（修理台など）
白	N 9.5	整とん（道路表示など）

色彩調節と照明

色　彩　調　節

色の心理効果、建造物の美的効果、視作業に対する快適な環境を作り安全性を高めることを色彩調節という。色彩の変わる水銀ランプ・ナトリウムランプの光源色は、色彩調節のある室内照明や安全色の施されている所では、照明計画の所で補正されるように設計されるのがよい。

(1)　環　境　色

光束発散度をよくするため、明度は、天井九、上壁八、下壁六、床五の割合とする。強い色合いは用いず、彩度は四を超えないようにする。天井を淡い青白色、壁は暖色系はだ色、床は灰緑色にする。

(2)　安　全　色

安全色の色光と用途は表45のようになっており、障害物の標識や用具の識別などに用いられる。

本来の色を正しく見たい照明

夜や昼の暗がりで物の色を正しく判断するために人工照明を計画する。住宅での生け花や料理、商店での品物の識別、工場で生産される製品の判別が可能な照明でありたい。

色を強調したい照明

一般に赤味を加えた照明は快適な感じを出せる場合が多い。食堂の照明、肉屋、赤味魚、スポーツの暖色系が例である。また、陳列する商品は、色光を用いるとよい効果をあげることができる。

欠点の判別をよくしたい照明

欠点や傷を見分けるには、形と色で判断するので、色と明暗のコントラストをつける。照射方向を斜めからにするとか、色光によって特定の色を強調したり抑制して対比を増大することも、一つの方法である。また、補色の光（黄色のものには青色光）を用いて、織物・印刷物の検査に高圧水銀灯を使うことがある。

雰囲気を作りたい照明

本来の色以外に強調したい場合には、色彩透過光およびその点滅による色彩調節、演奏曲目に合わせた調光での情緒効果などがある。ホテルの食堂、ダンスホールのほか住宅での居間・客間・寝室の用途別照明がある。

人目を引きつけたい照明

電気サインなどは、色彩鮮明で有効可視距離が大きく豊富な色彩光が得られるので、商店・食堂街や噴水に用いられる。最近はレーザ光を動かして演出しているものも見られる。

保安の照明

安全色としての信号がある。実用的なものは、赤・緑・青・紫・白の六種である。道路信号(赤・黄・緑)、高い建造物の障害灯(赤)、航空機(右に緑、左に赤)、飛行場の誘導灯(白・赤・緑・黄・青)がある。

昼光の利用

照明計画に当たって、その場所の使用時間帯の設定が難しいことがある。昼間のプサリ(PSALI:Permanent Supplimentary Artificial Lighting of Interrior)照明から夜間の人工照明のみの設計まで、ほぼオーダーメイドの計画となる。多くの照明器具が組み合わされる住宅では、一般に、二〇灯から四〇灯くらいとすると七～一五万円の器具代に、点滅・調光器具と配線工事費を加えると建築費の中でも相当な割合を占めることになる。したがって、あらかじめ予算別の三つの案で検討しておくことがよい。

日中の電気代を軽減するために、自然光の採り入れ方法が工夫される。美術館などの昼間にしか開館しない所は、特に、そのような配慮が必要であり、建築の基本設計の時から、その考えを取り入れる。採光は、天窓・高窓・出窓などのほかに、サンルームのような使い方と、外部の景観も同時に視野に入れる雪見窓・地下採光・月見窓などの目的を併せ持たせることが可能である。

昼光は、時刻や季節によって明るさの変化が大きいので、一つか二つの昼光センサによって室内照明器具の調光・点滅を制御する設計を加える。

照明光による情景の演出手法

照明によって、好みの情景を演出する方法は、光の方向と明暗と色による方法を組み合わせて行うことができる。

物体の立体感では陰影を用い、時刻・季節は光源の位置・方向・光源色で表現する。音・香り・霧などを補助的手段として加える。情景の遠近感は奥行方向に明暗を付ければ屋外・屋内を問わず、季節のある特定の日を想像させるように視認させられる。特に、色の感情に頼る方法は有効であり、物体色と周囲との色対比と大きさの比を用いる。動きと色順応効果を利用するのも有効である。

また、既存建造物の外壁や橋の構造材を利用して、色調光照射による演出も効果がある。週による色分けと投光器の映像を組み合わせると面白い。

保守管理

照明設備も時間の経過とともにその機能が低下する。安全・衛生性からよい照明を維持するために、つぎのような管理手順を定めておくとよい。

○ 照明の管理計画は建物の保守管理と一緒に行うよう定めておく。
○ 設備・保安の責任者が定常的に行うこと。
○ 設備配置図、系統図、構造図などを常備しておくこと。
○ 予備品・保守用品を備え付けておくこと。
○ 制御装置、電源などの運転・操作の方法を定め、従事者の技術・保安教育を計画的に行うこと。
○ 異常事態発生の時の対応方法を定めておくこと。
○ 設備の耐用年数、減価償却、電力料金、保守管理経費などの把握をしておくこと。
○ 照明器具の点検と照度の測定管理をすること。

照明設計の手順

照明計画・設計は、一般につぎの手順で行う。

要件の検討をもとにした構想計画

照明対象物の確認、環境周辺への光の影響、照明の質などを考慮した照明コンセプトの内容を作成する。

照 度 の 決 定

使用目的に応じた照度を決定するには、ＪＩＳ照度基準（JIS Z 9110-1979）を参照するが、照明対象物の種類と人間の条件によって照度値を変更してもよい。

照明方式の選定

被照面の範囲から、全般照明、局部的全般照明、補助照明、局部照明のいずれかを基本的に定める。

また、照明光の当て方から、直接照明、半直接照明、全般拡散照明、半間接照明のいずれかを定めるか、それらの組合せ混光照明を採用する。

光源の選定

光の質を考慮した演色性、運営費を考慮した効率、取付方法を考慮した光源の大きさなどによって最も適したものを選ぶ。

照明器具の選定

照度、照明方式、光源などを収納できる器具で、美術的意匠、配光曲線、経済性を考慮して選定する。また、同時に、点滅・調光制御も含めて検討する。

照度分布の検討

照明器具の配光と保守率を考慮して、照度むらの程度を検討し、均斉度などの規定に照らして方針を定める。

輝度分布の検討

光源・照明器具の種類を考慮して、輝度分布の程度を検討し、不具合があれば修正する。不快グレアがあれば、照明器具か取付位置などで変更する。

所要灯数の算出

照度の計算式で所要灯数を計算する。照明方式が異なる器具が重複する場合には、それぞれに必要な灯数を算出する。

照明器具の配置の決定

照明対照物および、その照明全般について、照度分布、輝度分布の検討に基づいて照明器具の配置を決定する。全般照明の場合、一般的に照明器具の取付間隔は等間隔とし、器具相互間は取付高さの一・五倍、壁と器具間は器具相互間の二分の一以下（壁際を使わない場合）、三分の一以下（壁際を使う場合）の間隔とする。

照明経済の検討

設計内容で照明経済の検討を行い、認容できる範囲で、それ以上の経済性改善方法があれば変更する。

等照度曲線図の作成

照度分布図を描き、等照度曲線図を作製して、照度むらを検討する。不具合があれば、変更可能な要素を適当なものに変更し、是正する。

照明効果の予測と確認

コンピュータ・グラフィックス法か模型実験などで、照明効果が目標に合致するかを確認する。不具合ならば、さかのぼって再検討を繰返すことになる。

施工・運用・維持管理の検討

決定した照明設計に基づき、施工・運用・維持管理上支障がないかを慎重に検討する。

照明計算

光束法による照度計算

明るくしたい平面を一定の照度に設計する簡略法である。目に入ってくる輝度も考慮した実験上の係数（照明率U、保守率M）から平均照度を求める計算法である。

被照面積がA〔m^2〕、光源一灯当りの初期全光束がF〔lm〕、照明器具数がN個、保守率がM、照明率がUの時の被照面平均照度E_h〔lx〕はつぎのように求まる。

$$E_h=\frac{FNUM}{A}\quad〔\mathrm{lx}〕$$

ここで、照明率Uは光源の全光束と被照面（作業面）にくる有効光束との比率のことで、室指数K_rと室内表面仕上げ材の反射率から求まる。照明率表の例を表46に示す。

また、室指数はつぎの式より求めることができる。

$$K_r=\frac{XY}{H(X+Y)}$$

表 46　照明率表〔40 W　2 灯蛍光灯器具（埋込み下面開放形の場合）〕

器　具

40 W×2

埋込み下面開放形

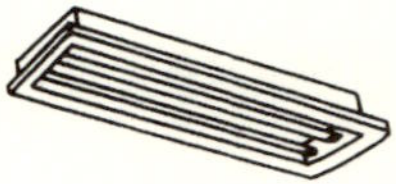

配 光 曲 数

単位：cd/1,000 lm

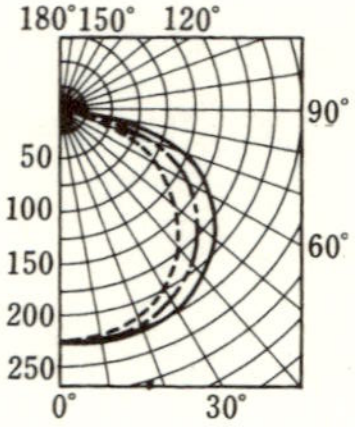

最大取付け間隔		保　守　率	
A-A	1.40 H	良	0.75
B-B	1.25 H	中	0.7
		否	0.65

器具効率	上方光束	下方光束
80.6 %	0 %	80.6 %

天井〔%〕	80			60			40		20	60	40	20	0
壁〔%〕	60	40	20	60	40	20	40	20	20	40	20	20	0
床面〔%〕	20									10			0
室指数	照　明　率												
0.60	0.40	0.31	0.26	0.38	0.31	0.25	0.30	0.25	0.25	0.30	0.25	0.25	0.21
0.80	0.50	0.41	0.35	0.48	0.40	0.35	0.39	0.34	0.34	0.39	0.34	0.33	0.30
1.00	0.54	0.46	0.39	0.52	0.44	0.39	0.43	0.38	0.37	0.43	0.38	0.37	0.34
1.25	0.61	0.53	0.47	0.58	0.51	0.46	0.50	0.45	0.44	0.50	0.44	0.44	0.40
1.50	0.66	0.58	0.52	0.63	0.56	0.51	0.55	0.50	0.49	0.54	0.49	0.48	0.45
2.00	0.72	0.65	0.59	0.69	0.63	0.58	0.61	0.57	0.55	0.61	0.55	0.55	0.51
2.50	0.77	0.70	0.65	0.73	0.68	0.64	0.66	0.62	0.60	0.65	0.60	0.60	0.56
3.00	0.79	0.74	0.69	0.76	0.71	0.67	0.69	0.65	0.63	0.68	0.64	0.63	0.60
4.00	0.83	0.79	0.75	0.79	0.76	0.72	0.73	0.70	0.68	0.72	0.68	0.67	0.64
5.00	0.86	0.82	0.78	0.82	0.79	0.76	0.76	0.73	0.71	0.75	0.71	0.70	0.67
7.00	0.88	0.86	0.83	0.84	0.82	0.80	0.79	0.77	0.74	0.78	0.74	0.73	0.71
10.0	0.91	0.89	0.87	0.86	0.85	0.83	0.81	0.80	0.77	0.80	0.77	0.76	0.74

ただし、Xは間口、Yは奥行、Hは被照面から光源までの高さである（単位はメートル）。反射の程度は室内の天井、壁、床面の仕上げの程度（材質・色・表面粗さなど）によって定まる。

保守率Mは、寿命で光束が低下してくる光源の光束維持率M_1と、使用中の汚れによって光束の低下する照明器具の汚れによる維持率M_2の積によって定まる（保守率の逆数を減光補償率と呼び、これを用いることもある）。保守管理のよく行き届いた順に、良・中・否に使い分ける。屋内照明施設の保守率を表47に示す。光源の光束維持率（M_1）と照明器具の汚れによる維持率（M_2）を図47、図48に示す。

照明設計の作業を行う時、必要照度と、被照面の環境条件が決まっている場合には、使用したい光源の種類・大きさ・照明器具数（全光束は、光源一つ当りの光束に光源数を掛けたものである）を求めることで結果が得られる。つぎに、照度分布図・等照度曲線図を描き、照明器具の配置と照明器具の選択の適否を均斉度を用いて検討する。

参考までに、光束法による照明計算方法の簡略法を図49に示す。

逐点法による照度計算

机の上で本を読む時に視点の場所での明るさを求めるのに、光源の配光、逆二乗の法則、入射角余弦の法則から照度を算出して行う逐点法がある。

表 47　屋内照明施設の保守率

光源 ＼ 汚れの程度	小	中	大
白熱電球	0.75 (1.3)	0.7 (1.4)	0.65 (1.5)
蛍光ランプ 水銀ランプ	0.7 (1.4)	0.65 (1.5)	0.6 (1.6)

〔注〕 カッコ内は減光補償率の標準値

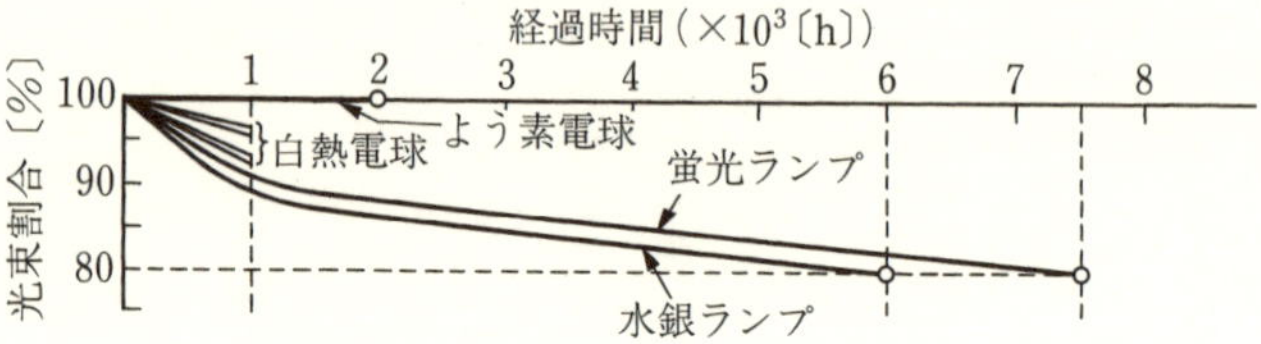

図 47　光源の光束維持率（M_1）

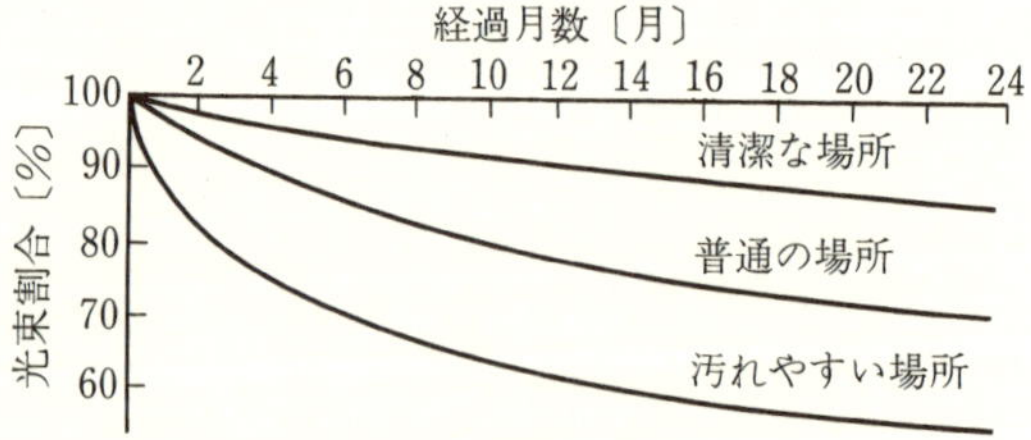

図 48　照明器具の汚れによる維持率（M_2）

計算式 $N=\dfrac{AE}{FUM}$

N＝求める器具数(ランプ本数)

A＝床面積〔m^2〕

E＝設計照度(平均照度〔lx〕) → JIS 照度基準

F＝使用器具の全光束〔lm〕) → メーカー資料などにより光源の種別ワット数によって求める

白熱電球	100 W	1,520 lm
蛍光ランプ白色	40 W	3,200 lm
水銀ランプ	400 W	24,000 lm

M＝保守率 →

良：光源の保守清掃のよい室
中：光源の保守清掃の中程度の室
否：工場等で清掃困難な室

U＝照明率 → メーカ資料などにより使用器具部屋の状態によって求める

室内の天井・壁の反射率をその仕上りによって下表を参照して決定する

〔照明率表の例〕

器具の種類	蛍光ランプの大きさ	40 W×2							
	蛍光ランプ器具形式	反射笠付き形器具							
	天井	75%			50%			30%	
	壁	50%	30%	10%	50%	30%	10%	30%	10%
	室指数	照明率							
	0.60	0.37	0.31	0.26	0.37	0.31	0.26	0.30	0.26
	0.80	0.47	0.41	0.37	0.46	0.40	0.36	0.40	0.26
	1.00	0.51	0.46	0.42	0.50	0.46	0.42	0.45	0.42
	1.25	0.55	0.50	0.46	0.54	0.50	0.46	0.48	0.46
	1.50	0.59	0.54	0.49	0.57	0.53	0.49	0.52	0.49
	2.00	0.64	0.60	0.55	0.63	0.59	0.55	0.58	0.55
	2.50	0.69	0.65	0.61	0.67	0.65	0.61	0.64	0.61
	3.00	0.71	0.68	0.65	0.70	0.66	0.65	0.65	0.64
	4.00	0.75	0.72	0.70	0.73	0.71	0.69	0.70	0.68
	5.00	0.77	0.74	0.71	0.76	0.72	0.70	0.71	0.70

器具効率　76%

保守率　良 0.67　中 0.56　否 0.5

最大取付間隔　1.3H

室内面反射率概数

材料	反射率〔%〕
白しっくい	60~80
白壁	60
うす色クリーム壁	56~60
濃い色の壁	10~30
木材（白木）	40~60
木材（黄ニス塗）	30~50
障子紙	40~50
赤れんが	15
灰色テックス	40
コンクリート（生地）	25
白タイル	60
畳	30~40
リノリウム	15
白ペイント	60~80
うす色ペイント	35~55
濃い色ペイント	10~30
黒ペイント	5

室指数(K_r)，室の大きさ，光源の位置により下の式で計算する

室指数 $K_r=\dfrac{XY}{H(X+Y)}$　　X＝間口〔m〕，Y＝奥行〔m〕
H＝作業面から光源までの高さ〔m〕

室指数	5	4	3	2.5	2	1.5	1.25	1	0.8	0.6	0.4

図 49　光束法による照明計算方法

全照度はすべての照明器具から算出し、総和で値が定まる。この手法は、被照面の照度分布を調べるための照度分布図を作製し、照明設計の良否を判定するのに用いることで重要な計算法である。

室内や樹木などのある景観では直接光のほかに、一次反射・二次反射などの間接成分も加わるので、相互反射による入射光をすべて合計して算出するのが本来の計算法である。ただし、直射照度が明るさの大部分と考えられる時と、分布を判別したい時には、直射照度による逐点法を用いている。相互反射による入射光説明図を図50に示す。

点光源による逐点法直射照度の計算法

読書する本の位置を点Pとすると、光源の向きの方向の照度を法線照度E_nルクス、点Pと光源を含む平面の鉛直面上で点Pの鉛直面上の照度を水平面照度E_hルクス、また、その面上で、光源直下の方向に向かう点Pの照度

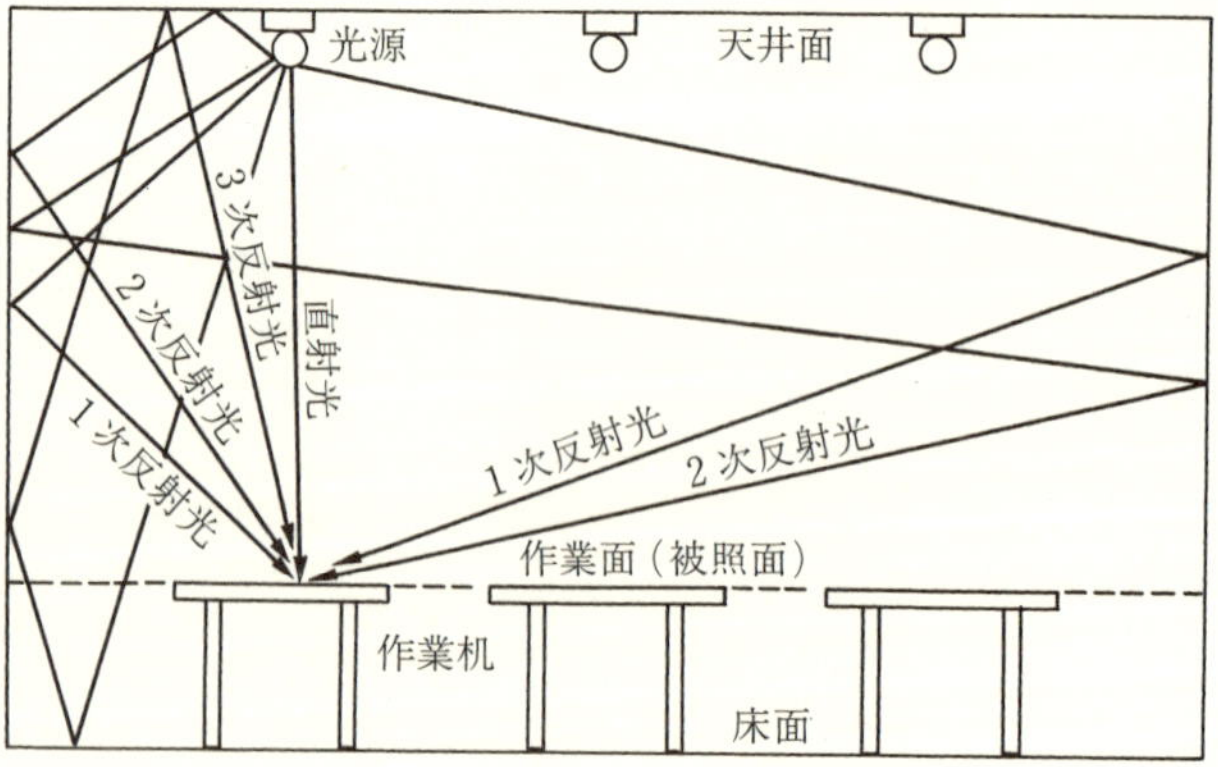

図50　相互反射による入射光説明図

を鉛直面照度E_vルクスと呼ぶことにする。しかし、読む人が点Pの文字などを視認するのに、真上から見ることが少なく、ほとんどは、ある角度を持った方向から読むとすると、そのなす角（$\alpha°$）でさらに調整する。この角度が大きいと読みづらくなる。この視線に向かう照度をE_{hE}ルクスとする。点光源による照度とその算出式を図51、表48に示す。

この計算法で、点Pに向かう光度を求めるには、配光曲線から、この角度（$\theta°$）の一〇〇〇ルーメン当りの光度を読み取って、全光束に対する倍率を掛けて求める。

線光源による直射照度の計算法

線光源の場合には、点光源が連続的につながっている光源と考えて、区分求積法か積分法で合計照度を求める。

面光源による直射照度の計算法

乳白色カバーの面照明器具や光天井、光り壁、窓からの天空光による近距離の直射照度は、等輝度の面光源とみなして計算する。縦・横に点光源がつらなっていると考え、区分求積法か二重積分法で、合計照度を求める。

輝度法による照度計算

明るく照面された被照面でどのような作業をするかがわからなくても逐点法・光束法によって照

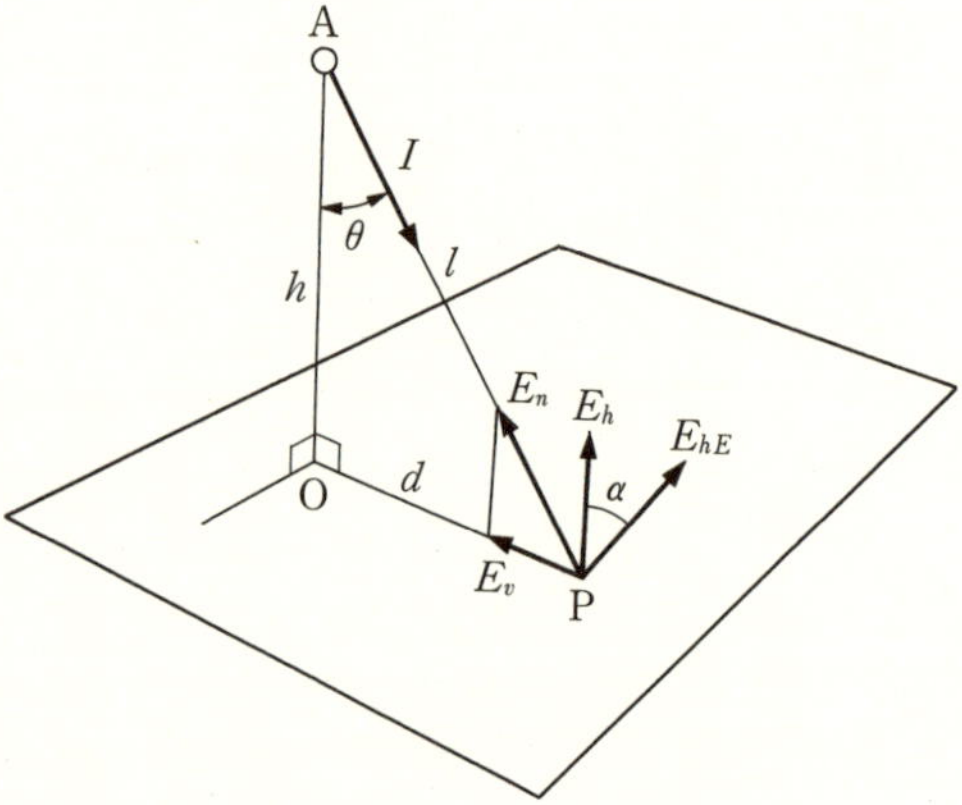

図 51　点光源による照度

表 48　照度の算出式（単位：〔lx〕）

名　　称	量記号	l, θ による算式	h, θ による算式	d, h による算式
法線照度	E_n	I/l^2	$(I/h^2)\cos^2\theta$	$I/(h^2+d^2)$
水平面照度	E_h	$(I/l^2)\cos\theta$	$(I/h^2)\cos^3\theta$	$h\cdot I(h^2+d^2)^{3/2}$
鉛直面照度（法線面の）	E_v	$(I/l^2)\sin\theta$	$(I/h^2)\cos^2\theta\cdot\sin\theta$	$d\cdot I/(h^2+d^2)^{3/2}$
視線に向かう照度	E_{hE}	$(I/l^2)\sin\theta\cdot\cos\alpha$	$(I/h^2)\cos^2\theta\cdot\sin\theta\cdot\cos\alpha$	$\{d\cdot I/(h^2+d^2)^{3/2}\}\cos\alpha$

明設計が行える。しかし、読書の時などは、本の活字と紙、および本以外の視野に入る被照面のすべてが目に入ってくる。快適かつ明瞭な見え方を得るためには、それらの適当な輝度分布があってしかるべきである。一般には視認対象物とその周辺の輝度比を配慮する。また、光源を見る時間が短かければ五〇〇〇カンデラ毎平方メートル以下、長時間の場合には三〇〇〇カンデラ毎平方メートル以下の輝度とする。

道路の場合、自動車の運転手が物を視認する場合には、鉛直面照度もよいが、輝度を用いたほうがよい。

7　明るさと色彩の測定

明るさの表現は、輝度（スポット輝度）・照度で示される。対象物の明るさは表面材質と仕上げ（反射率）によって輝度値となる。広がりのある対象物では一〇～二〇点を測定する。昼間と夜間に使用する場所では、昼光の影響で異なるので、両方の時間帯で計測しておく。

測定内容としては、照度（水平面・鉛直面・円筒面）、均斉度、輝度、輝度分布、色度などである。計測機器はつぎのものを用いる。また、使い方の例も示すことにする。

照　度　計

アナログ方式とディジタル方式とがあり、〇・〇一～九九九〇〇ルクスの測定が可能である。アダプタコード（一、二、五、一〇、五〇メートル）を用いると、受光部が離れて、遠くで測定が可能である。照度計および照度を測定する方法を写真1、写真2に示す。

記録計に接続して連続測定することもできる。

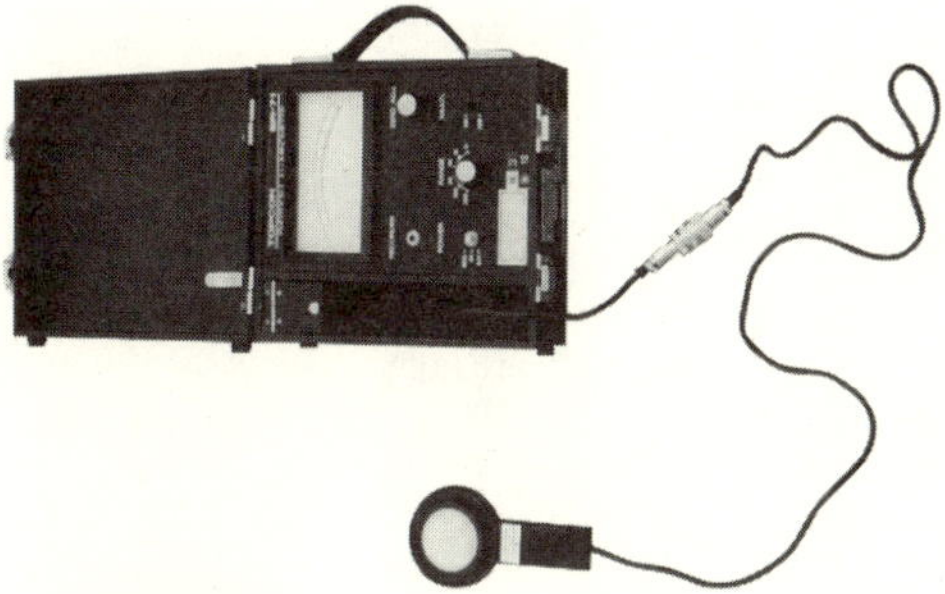

写真1　照度計

写真2　照度を測定する方法

写真3　スポット方式ディジタル輝度計

輝度計

スポット方式の一眼レフディジタル輝度計（写真3）では、測定角1°の場合には〇・〇〇一～二九九九〇〇カンデラ毎平方メートルの範囲が測定できる。クローズアップレンズを用いると直径一・三ミリメートルまでの小さな箇所も測定できる。被照面の輝度を測定するには写真4のように使う。

日常標示を見る時には、目に入ってくる色光を判断するので、ほとんどこの輝度計で明るさを定めることになる。建物の外壁やモニュメントがそれである。あまりまぶしすぎると見づらく、背景の環境との対比が見やすさを定める。交通信号などでは苦労するところである。半導体回路を使っているので衝撃に弱い。また、スポット計測を行うので、三脚に取り付けて使用するのがよい。

色彩色差計

色度の測定には、スポット方式の一眼レフタイプ非接触測定式で測定を行う。また、ディジタル計器では、離れた位置から測定角1°で色度測定（色度図のx、yの値が表示される）を行う。測定範囲は〇・〇〇一～四九九〇〇カンデラ毎平方メートルである。ディジタル式の色彩色差計と色度図上の色彩を測定する方法を写真5、写真6に示す。

一般の人が使用するには、ディジタル式のハンディタイプで十分である。色度図上の横軸のxの値と、縦軸のyの値を示すとともに、照度の値も同時表示されるので、安価・便利である。

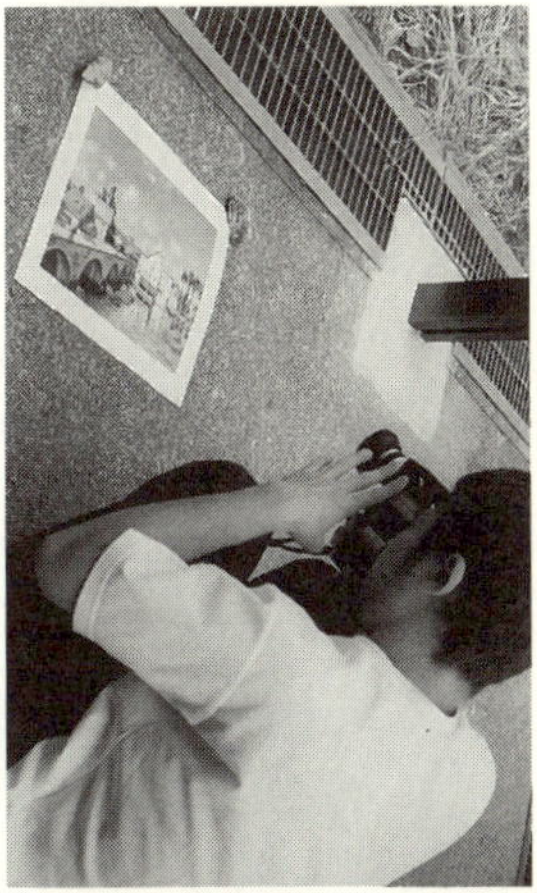

（a）　絵の特定場所

（b）　アヤメの葉面

（c）　壁画の特定場所

（d）　信号機の信号色

写真 4　輝度を測定する方法

色度図上の指数 x, y と照度 E〔lx〕が数字で表示されるディジタル式

写真 5　色彩色差計

（a）　色彩色差計で絵の照度 E〔lx〕と特定の色を色度図上の x, y で表示させる計測法(色度測定の時は裏向きにする)

（b）　色彩色差計でアヤメの葉面に照射される太陽光の色を色度図上の x, y で表示させる計測法

写真 6　色度図上の色彩を測定する方法

8　夜間の景観照明の事例

横浜マリンタワーの景観照明

横浜市の山下公園にあるシンボルとして多くの人々に親しまれているマリンタワーは、横浜開港百周年記念事業として昭和三六年一月一五日に完成した灯台である（写真7）。

平成二年四月には、灯台としての機能や船舶の航行に悪い影響が出ないように関係者の協議のもとに景観照明が施された。構造材の特徴を上手に生かしたアヤトリのような繊細《せんさい》な虹の効果が日本的な秀れたデザインとなった。鉄塔部は、上部から高演色形高圧ナトリウムランプ、メタルハライドランプを用いた。また、遠方からの眺めを考え、展望台にはカラー蛍光ランプを用いてブルーの光（横浜のイメージカラー）を輪状に配置した。展望台からは、横浜港・横浜ベイブリッジ・景観照

写真 7　横浜マリンタワー(神奈川県横浜市)〔照明学会編：景観照明の手引き，コロナ社(1995) を一部修正〕

表 49　横浜マリンタワーの景観照明施工前後の輝度値の比較（単位：〔cd/m²〕)〔照明学会編：景観照明の手引き，コロナ社(1995)より転載〕

	実施前	実施後	背景輝度
上　段	0.2	5.0	0.1
中　段	0.5	12.0	0.2
下　段	2.0	18.0	0.2

〔注〕　約 500 m の距離から測定
測定値は平均値

明された建物などのきれいな夜景が眺められる。景観照明施工前後の輝度値の比較を表49に示す。五〇〇メートル離れた地上から測定した輝度値の平均は、上段五（背景輝度〇・一）、中段一二（背景輝度〇・二）、下段一八（背景輝度〇・二）であった（単位はカンデラ毎平方メートル）。

金沢の景観照明

金沢は学園都市で、四季おりおりの風景が異なり、情緒豊かで文豪の育つ土地柄である。伝統的・歴史的建造物、街並保存、伝統産業、公園、無形文化財など見所は多い。金沢城公園や兼六園を中心とした多くの施設が観光用に夜間照明された。その例として、金沢城石川門、および金沢近代文学館を写真8、写真9に、金沢の景観照明の分布図を写真10に示す。

アトリウムの夜間照明

建設会社の中庭であるアトリウムの夜間照明の昼夜比較を行った例を示すと、その照度計測地点は図52、測定した輝度分布は写真11の通りである。また、測定した水平面照度と鉛直面照度は表50、表51のようになった。

写真 8　金沢城石川門（石川県金沢市）

写真 9　金沢近代文学館
（石川県金沢市）

武蔵ヶ辻金箔雪吊り

石川県庁石引分室

尾山神社神門

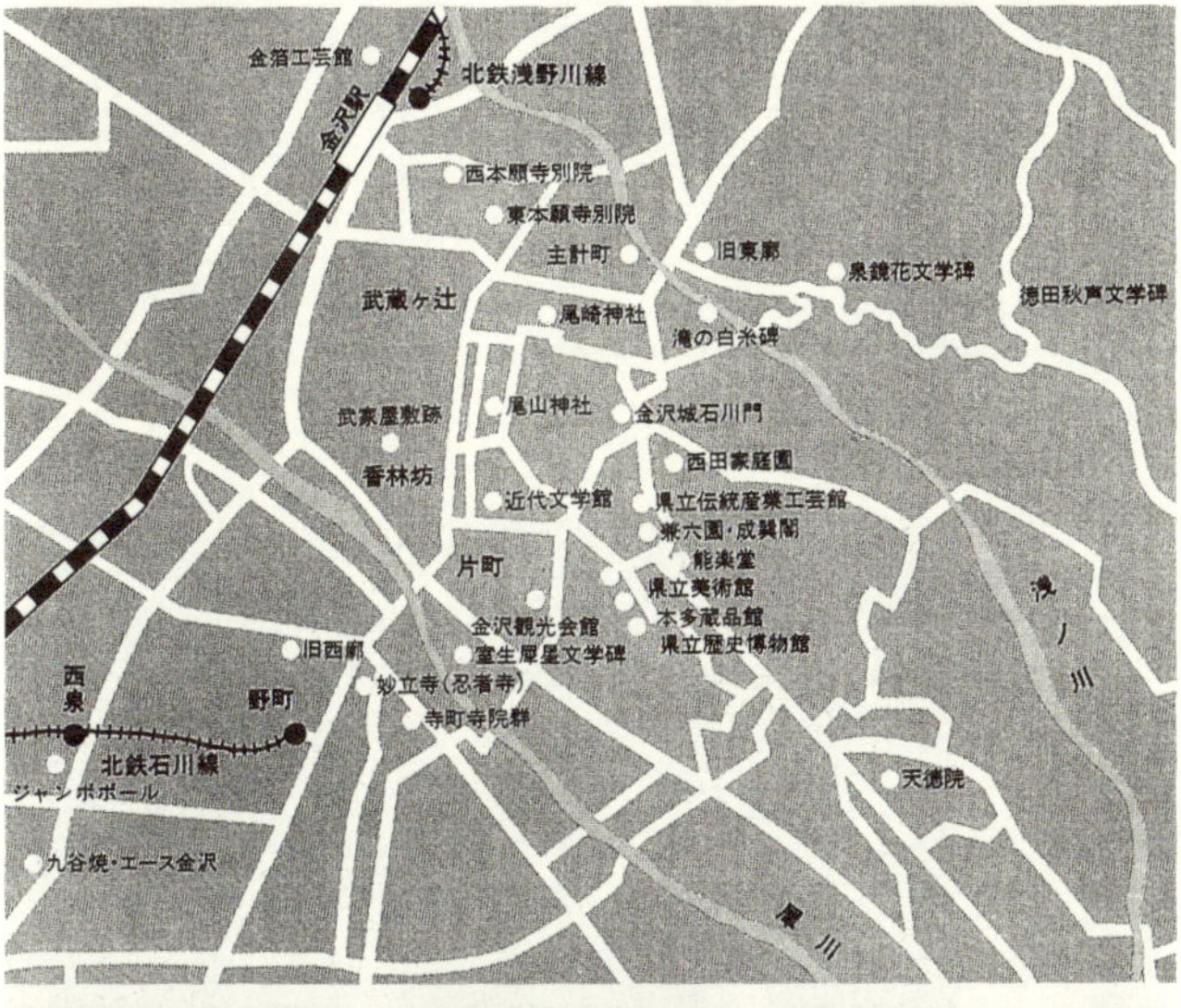

金沢市香林坊109

金沢市文化ホール

石川県歴史博物館

写真 10　金沢の景観照明〔照明学会編：景観照明の手引き，コロナ社（1995）より転載〕

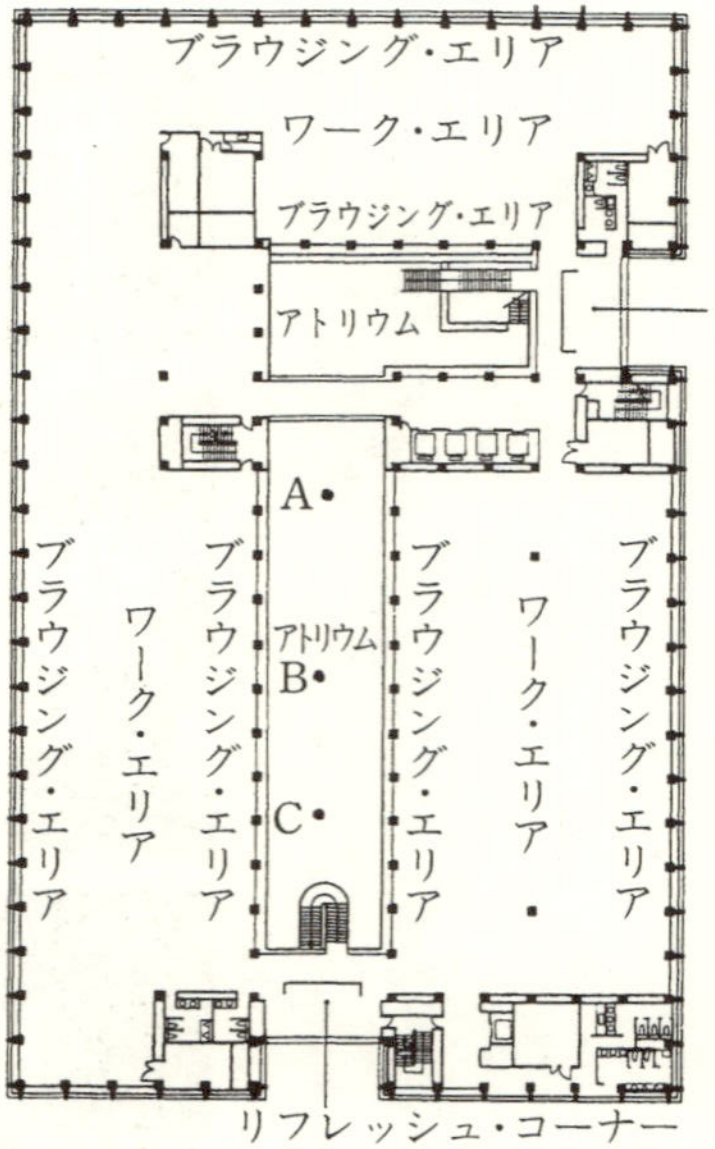

図 52　アトリウムの照度計測地点〔照明学会編：景観照明の手引き，コロナ社（1995）より転載〕

写真 11　アトリウムの輝度分布（A 地点からの計測）〔照明学会編：景観照明の手引き，コロナ社（1995）より転載〕

表 50　アトリウムの水平面照度（単位：〔lx〕）〔照明学会編：景観照明の手引き，コロナ社（1995）より転載〕

時刻 位置	10 時 15 分	13 時 31 分	17 時 23 分	20 時 10 分
A（端部）	4,510	8,480	998	121
B（中央）	4,430	5,630	665	72
C（端部）	4,570	4,950	865	127

表 51　アトリウムの鉛直面照度（単位：〔lx〕）

時刻 位置	10時15分	13時32分	17時24分	20時20分
A（端部）	603 1,256　1,249 981	1,900 2,810　5,000 2,460	194 311　391 260	47 46　46 65
B（中央）	679 1,543　931 1,101	1,910 2,880　2,000 1,450	160 313　186 216	44 48　35 59
C（端部）	910 1,678　948 1,062	2,168 2,020　1,127 939	235 371　237 219	62 51　74 69

住まいと環境の照明デザイン

2003年7月18日　初版第1刷発行

検印省略

著　者　饗《あい》　庭《ば》　　貢《すすむ》
発行者　株式会社　コロナ社
　　　　代表者　牛来辰巳
印刷所　萩原印刷株式会社

112-0011　東京都文京区千石 4-46-10
発行所　株式会社　コロナ社
CORONA PUBLISHING CO., LTD.
Tokyo　Japan
振替　00140-8-14844・電話（03）3941-3131（代）
ホームページ　http://www.coronasha.co.jp

ISBN4-339-07698-8　（新井）　（製本：愛千製本所）
Printed in Japan

新コロナシリーズ
発刊のことば

西欧の歴史の中では、科学の伝統と技術のそれとははっきり分かれていました。それが現在では科学技術とよんで少しの不自然さもなく受け入れられています。つまり科学と技術が互いにうまく連携しあって今日の社会・経済的繁栄を築いているといえましょう。テレビや新聞でも科学や新しい技術の紹介をとり上げる機会が増え、人々の関心も大いに高まっています。

反面、私たちの豊かな生活を目的とした技術の進歩が、そのあまりの速さと激しさゆえに、時としていささかの社会的ひずみを生んでいることも事実です。

これらの問題を解決し、真に豊かな生活を送るための素地は、複合技術の時代に対応した国民全般の幅広い自然科学的知識のレベル向上にあります。

以上の点をふまえ、本シリーズは、自然科学に興味をもたれる高校生なども含めた一般の人々を対象に自然科学および科学技術の分野で関心の高い問題をとりあげ、それをわかりやすく解説する目的で企画致しました。また、本シリーズは、これによって興味を起こさせると同時に、専門分野へのアプローチにもなるものです。

●投稿のお願い

「発刊のことば」の趣旨をご理解いただいた上で、皆様からの投稿を歓迎します。

パソコンが家庭にまで入り込む時代を考えれば、研究者や技術者、学生はむろんのこと、産業界の人も家庭の主婦も科学・技術に無関心ではいられません。

このシリーズ発刊の意義もそこにあり、したがって、テーマは広く自然科学に関するものとし、高校生レベルで十分理解できる内容とします。また、映像化時代に合わせて、イラストや写真を豊富に挿入し、できるだけ広い視野からテーマを掘り起こし、科学はむずかしい、という観念を読者から取り除き興味を引き出せればと思います。

●体　裁

判型・頁数：B六判　一五〇頁程度

字詰：縦書き　一頁　四四字×十六行

なお、詳細について、また投稿を希望される場合は前もって左記にご連絡下さるようお願い致します。

●お問い合せ

コロナ社　企画部

電話（〇三）三九四一－三一三一